Nada Darwesh
Gamal Abdel-Fattah
Elsayed Hafez

Clonagem Molecular do Gene da Toxina de Hemolisina Alfa de Staphylococcus Aureus

AF301420

Nada Darwesh
Gamal Abdel-Fattah
Elsayed Hafez

Clonagem Molecular do Gene da Toxina de Hemolisina Alfa de Staphylococcus Aureus

Imprint
Any brand names and product names mentioned in this book are subject to trademark, brand or patent protection and are trademarks or registered trademarks of their respective holders. The use of brand names, product names, common names, trade names, product descriptions etc. even without a particular marking in this work is in no way to be construed to mean that such names may be regarded as unrestricted in respect of trademark and brand protection legislation and could thus be used by anyone.

Cover image: www.ingimage.com

This book is a translation from the original published under ISBN 978-620-2-19718-2.

Publisher:
Sciencia Scripts
is a trademark of
Dodo Books Indian Ocean Ltd. and OmniScriptum S.R.L publishing group

120 High Road, East Finchley, London, N2 9ED, United Kingdom
Str. Armeneasca 28/1, office 1, Chisinau MD-2012, Republic of Moldova, Europe
Printed at: see last page
ISBN: 978-620-8-03588-4

Conteúdo

RECONHECIMENTO

Em primeiro lugar, todos os louvores a Alá por me ter dado a capacidade de realizar este trabalho.

Dr. Gamal Mohumed Abdel-Fattah, Professor de Microbiologia, Faculdade de Ciências, Universidade de Mansoura, pela sua supervisão atenta, conselhos valiosos durante o trabalho experimental, instalações necessárias para o presente trabalho, encorajamento, apoio contínuo, orientação valiosa na redação do manuscrito e críticas construtivas.

Gostaria de expressar o meu sincero agradecimento e gratidão ao **Porf. Dr. Elsayed Elsayed Hafez**, Professor de Biologia Molecular, Cidade de Investigação Científica e Aplicações Tecnológicas, Borg Alarb, pela supervisão atenta, encorajamento, apoio contínuo e conselhos valiosos.

Gostaria de expressar o meu sincero agradecimento e gratidão ao **Dr. Mysaa Elsayed zaki**, Professor de Patologia Clínica, Faculdade de Medicina, Universidade de Mansoura, pela sua supervisão atenta, encorajamento, apoio contínuo e conselhos valiosos.

Dr. Hashmat S. El-Desuquy, Diretor do Departamento de Botânica, pelo seu apoio contínuo e a todos os meus colegas que me ajudaram ao longo deste trabalho.

Lista de abreviaturas

Abbreviation	Name
A-549 cells	Human Lung cancer cell line
agr	Accessory gene regulator
AIP	Autoinducer Peptide
bp	Base pair
cDNA	Complementary dexoribonucleic acid
CHIPS	Chemotaxis Inhibitory Protein of *S. aureus*
dATP	Deoxy adenine triphosphate
dCTP	Deoxy cytosine triphosphate
dGTP	Deoxy guanine triphosphate
DNA	Deoxyrbonucleic acid
dTTP	Deoxy thymine triphosphate
Eap	Extracellular adherence protein
Efb	Extracellular fibrinogen binding protein
FLIPr	Formyl Peptide receptor-like- 1 Inhibitory Protein
GNI or GNID	Gram-negative identification
GPI or GNID	Gram-positive identification
HCT-116	Human colon carcinoma
HepG-2 cells	Human Hepatocellular carcinoma
hia	Alpha hemolysin toxin gene
IPTG	ispopropyl B-D-1-thiogalactopyranoside
KDa	Klio Dalton
L B	Luria bertani
MCF-7 cells	Human breast cancer cell line
mRNA	Massanger ribonucleic acid
PCR	Polymerase chain reaction
PTSAgs	Pyrogenic toxin superantigens
RNA	Ribonucleic acid
RNA polymerase	Ribonucleic acid polymerase enzyme
RT-PCR	Real time polymerase chain reaction
S. aureus	*Staphylococcus aureus*
SCIN	Staphylococcal complement inhibitor
SDS_PAGE	Sodium dedocyl sulfate polacrylamide gel electrophoresis
SKAK	StaphyloKinase
SSSS	Staphylococcal Scalded Skin Syndrome
Taq polymerase	Heat stable DNA polymerase enzyme
TS broth	Trypton soya broth media

1. Introdução

1.1. Toxina bacteriana

As toxinas bacterianas são proteínas, codificadas por genes cromossómicos bacterianos, plasmídeos ou fagos. Os fagos lisogénicos fazem parte do cromossoma **(Lubran, 1998).** As toxinas bacterianas são importantes determinantes de virulência responsáveis pela patogenicidade microbiana e/ou pela evasão da resposta imunitária do hospedeiro. Algumas toxinas bacterianas são as toxinas naturais mais potentes que se conhecem. Têm também utilizações importantes na ciência e investigação médicas. As aplicações potenciais da investigação sobre toxinas incluem o combate à virulência microbiana, o desenvolvimento de novos fármacos anticancerígenos e outros medicamentos e a utilização de toxinas como ferramentas em neurobiologia e biologia celular **(Proft, 2009 & Agrawal e Gopal, 2013)**

As toxinas bacterianas são classificadas como exotoxinas ou endotoxinas. Uma *exotoxina* é uma proteína solúvel excretada pelas bactérias. Uma exotoxina pode causar danos no hospedeiro, destruindo células ou perturbando o metabolismo celular normal. *As endotoxinas* são compostos naturais potencialmente tóxicos que se encontram no interior de bactérias patogénicas. Classicamente, uma endotoxina é uma toxina que, ao contrário de uma exotoxina, não é segregada na forma solúvel, mas é um componente estrutural das bactérias que é libertado principalmente quando as bactérias são lisadas. Tanto as bactérias gram positivas como as gram negativas produzem exotoxinas, enquanto as endotoxinas são produzidas principalmente por bactérias gram negativas **(Gautam *et al.*, 2015 & Henkel *et al.*, 2013).**

1.2. Toxinas hemolisinas

As toxinas hemolisinas são proteínas tóxicas extracelulares produzidas por muitas bactérias gram-negativas (por exemplo, *E. coli, Serratia spp. Proteus spp,*

Vibrio spp., Pasteurella spp., Pseudomonas aeruginosa) e bactérias grampositivas (por exemplo, *Streptococcus spp., Staphylococcus aureusl Listeria spp., Bacillus cereus, Clostridium tetani*), todas elas com um certo potencial patogénico. A maioria das hemolisinas provoca a lise dos eritrócitos através da formação de poros de diâmetros variáveis na membrana. Muitas hemolisinas podem também atacar - provavelmente por um mecanismo semelhante - outras células de mamíferos **(Goebel, 1988)**. *S. aureus* produz quatro toxinas de hemolisina, como a toxina alfa, beta, gama e delta **(Borriello** *et al.,* **2007)**.

1.3. Toxina hemolisina alfa de *Staphylococcus aureus*

A toxina alfa-hemolisina de *S. aureus* (*hia*) é uma proteína exotoxina monomérica de 33-39 KDa, com 293 aminoácidos e gene cromossómico. A toxina alfa é uma toxina hemolítica formadora de poros que provoca danos nas membranas de muitos tipos de células de mamíferos. Em particular, os eritrócitos de coelho são extraordinariamente susceptíveis à hemólise pela alfatoxina (pelo menos 100 vezes mais do que outros mamíferos e 1.000 vezes mais do que os eritrócitos humanos) **(Berube &** **Wardenburg, 2013; McCormick** *et al.,* **2009; Tong** *et al.,* **2015 & Spaulding, 2013)**. A toxina alfa-hemolisina pode ser aumentada a produtividade por clonagem **(Leng** *et* *al.,* **2011; Tavares** *et al.,* **2014; Gurnev & Netorovich, 2014; Nathan** *et al.,* **2016 &** **Kong** *et al.,* **2016)** e desempenha um papel na indução de apoptose em células tumorais, pelo que pode ser utilizada como anticancerígena **(Wang** *et al.,* **2011)**.

2. Objetivo do trabalho

O objetivo do presente trabalho foi empreendido para (i) isolar e caraterizar bactérias patogénicas de crianças, (ii) identificar por métodos bioquímicos e moleculares os isolados de *S. aureus* que apareceram em estudos preliminares; (iii) isolar a α-hemolisina e amplificar o gene que a codifica para a sua clonagem em *E.coli* DH5α. Além disso, a atividade anticancerígena da α-hemolisina foi detectada por linhas celulares viáveis.

3. Revista Literaturas

3.1. *Staphylococcus aureus*

Staphylococcus aureus é uma espécie do género *Staphylococci* que é anaeróbia facultativa, não esporulada, não móvel, geralmente não capsulada, cocos Gram-positivos, pertencente à família *Staphylococaceae* (**Borriello *et al.*, 2007 & Haghkhah, 2009).**

O género *Staphylococcus* está dividido em dois grupos, de acordo com a capacidade da bactéria de produzir coagulase, uma enzima que provoca a coagulação do sangue: os estafilococos coagulase-positivos, que incluem a espécie mais conhecida *Staphylococcus aureus*; e os estafilococos coagulase-negativos (CoNS), que são comensais comuns da pele **(Costa *et al.*, 2013 & Haghkhah, 2009).**

O Staphylococcus aureus é bem conhecido como bactéria patogénica de seres humanos e animais **(Xiang *et al.*, 2010; Leng *et al.*, 2011; Rashidieh *et al.*, 2015& Ouyang *et al.*, 2016 & Gulani *et al.*, 2016).** *O S. aureus* é um patogénico humano facultativo que causa uma vasta gama de infecções, desde a pele e os tecidos moles até infecções invasivas como a endocardite, a osteomielite e a pneumonia **(Bartlett e Hulten, 2010; Habib *et al.*, 2015 & Aman e Adhikari, 2014).**

O habitat normal de *S. aureus* é a passagem nasal na pele e nos pêlos de 15 a 40 % dos seres humanos saudáveis e dos animais de sangue quente **(Xiang *et al.*, 2010; Ariyanti *et al.*, 2011; Rubin *et al.*, 2010 & Ouyang *et al.*, 2016).** *O S. aureus* tem a capacidade de colonizar a pele humana, as unhas, as narinas e as membranas mucosas, podendo assim disseminar-se entre as populações hospedeiras receptoras através do contacto físico e de aerossóis **(Lowy, 1998).** A colonização com *S. aureus* é um fator de risco importante para a infeção subsequente por *S. aureus* **(Wertheim *et al.*, 2004 & von Eiff *et al.*, 2001).**

O S. aureus é transmitido de pessoa para pessoa ou por contacto direto. *S. aureus* pode transfundir a pele ou outras membranas mucosas para invadir uma série de tecidos que irão causar uma variedade de infecções **(Ariyanti *et al.*, 2011).** Além disso, *o S. aureus* pode ser transmitido através de lesões cutâneas, contaminação de alimentos, incluindo leite e produtos de origem animal **(Kadariya *et al.*, 2014)**.

3.2. Os factores de virulência de *S. aureus*

Os factores de virulência de *S. aureus* podem permanecer ligados à superfície da célula bacteriana e atuar nos tecidos do hospedeiro através de uma interação direta hospedeiro-agente patogénico ou podem ser segregados para o meio externo. Geralmente, os factores de virulência medeiam a patogénese no hospedeiro. Os factores de virulência podem desempenhar várias funções para a bactéria no hospedeiro: podem (i) ajudar a bactéria a colonizar um nicho no hospedeiro e podem também estar envolvidos na mediação da internalização da bactéria pelas células do hospedeiro, o que, se for ativamente induzido por factores bacterianos, é designado por invasão, (ii) mediar a supressão do sistema imunitário do hospedeiro ou a evasão imunitária da bactéria, ou (iii) podem ajudar a bactéria a degradar as células ou os tecidos do hospedeiro para obter espaço para se espalhar ou para adquirir nutrientes (**Hildebrandt, 2015)**.

Os S. aureus patogénicos possuem uma vasta gama de factores de virulência, tais como superantigénios (enterotoxinas, toxina da síndrome do choque tóxico e toxinas esfoliativas), citotoxinas (alfa-hemolisina, beta-hemolisina, gama-hemolisina, delta-hemolisina, leucocidina Panton-Valentine), inibidores da fagocitose (cápsula polissacárida, proteína A) e moléculas de evasão imunitária (proteína inibidora da quimiotaxia, estafilocinase, aureolisina) **(Bartlett e Hulten, 2010; Leng *et al.*, 2011; Rashidieh *et al.*, 2015 & Habib *et al.*, 2015)**.

3.2.1. Superantigénios

As enterotoxinas, tipos A-E, G, H, I e J, são normalmente produzidas por até 65% das estirpes de *S. aureus*, por vezes isoladamente e por vezes em combinação. Estas proteínas tóxicas suportam uma exposição a 100° C durante vários minutos. Quando ingeridas como toxinas pré-formadas em alimentos contaminados, quantidades de microgramas de toxina podem, em poucas horas, induzir os sintomas de intoxicação alimentar estafilocócica: náuseas, vómitos e diarreia **(Bien *et al.*, 2011; Wegrzyn,**

2009; Haghkhah, 2009 & Greenwood *et al.*, 2012).

As toxinas da síndrome do choque tóxico pertencem ao grupo de toxinas conhecidas como superantigénios de toxinas pirogénicas (PTSAgs). A propriedade mais bem caracterizada deste grupo é a superantigenicidade, que se refere à capacidade desta toxina para estimular a proliferação de linfócitos T. Estas toxinas causam a síndrome do choque tóxico e intoxicação alimentar **(Bien *et al.*, 2011; Haghkhah, 2009 & Greenwood *et al.*, 2012).**

A síndrome da pele escaldada estafilocócica (SSSS) é causada pelas **toxinas esfoliativas**, nomeadamente a ETA e a ETB. O terceiro tipo de toxina esfoliativa é a ETD. A ETA e a ETB são as toxinas mais comuns que causam a SSSS. As toxinas esfoliativas têm um peso molecular de cerca de 26-27 kDa. A ETA é uma proteína muito estável ao calor e pode suportar calor extremo, enquanto a ETB é lábil ao calor. Tanto a ETA como a ETB têm uma identidade de aminoácidos significativa e também partilham propriedades biofísicas. Uma infeção por *S. aureus* capaz de produzir ETA ou ETB pode resultar em SSSS. Embora a infeção possa afetar adultos, são os bebés e as crianças muito pequenas que são mais frequentemente afectados **(Haghkhah, 2009).**

3.2.2. Toxina hemolisina

O Staphylococcus aureus produz outras proteínas extracelulares que afetam as hemácias e os leucócitos. Estas hemolisinas e leucocidinas são toxinas citolíticas com propriedades diferentes das outras toxinas. *S. aureus* produz quatro hemolisinas como alfa, beta, gama e delta. A α-hemolisina, além de lisar os eritrócitos, pode danificar as plaquetas **(Borriello *et al.*, 2007 & Spaulding, 2013).** A **alfa-hemolisina** é dermonecrótica e neurotóxica e pode ser letal numa variedade de sistemas animais. Estes factores contribuem para o consenso entre os investigadores de que esta toxina é importante na formação de abcessos caraterísticos das infecções causadas por *S. aureus* **(Cunha e Calsolar, 2008 & Spaulding, 2013).**

A beta-hemolisina de *Staphylococcus aureus* é altamente hemolítica para eritrócitos de ovelha, mas não de coelho. A beta-toxina é uma esfingomielinase C dependente de Mg^{2+}, que degrada a esfingomilina na camada externa de fosfolípidos da membrana dos eritrócitos. A atividade hemolítica desta toxina foi reforçada pela incubação a uma temperatura inferior a 10 °C após tratamento a 37 °C, sendo por isso conhecida como hemolisina "quente-fria". O gene, denominado *hlb*, está localizado no cromossoma e codifica um polipéptido de 330 aminoácidos com um peso molecular previsto de 39 000 daltons **(Cunha e Calsolar, 2008; Haghkhah, 2009 & Spaulding, 2013).**

A delta-hemolisina, um péptido de 26 aminoácidos, é capaz de causar danos nas membranas de uma variedade de células de mamíferos. Esta toxina apresenta uma ação detergente nas membranas celulares, resultando na lise celular. Entre as citotoxinas produzidas por *Staphylococcus*, a toxina delta é caracterizada pela sua termoestabilidade, neutralização pela lectina e sinergismo com a toxina beta. A toxina delta pode desempenhar um papel importante na patogénese das doenças intestinais e pode variar de uma diarreia aguda a uma enterite grave. Em *S. aureus*, o gene *hld* responsável pela produção da toxina delta está situado no locus RNAIII do regulador genético acessório (gene *agr*), que controla a expressão da maioria das exoproteínas de *S. aureus*. O gene *hld* de *S. aureus* codifica um péptido de 44 aminoácidos **(Cunha e Calsolar, 2008 & Haghkhah, 2009).**

Além disso, **a gama-hemolisina** é capaz de lisar muitas variedades de eritrócitos de mamíferos. No entanto, a gama-hemolisina não é identificável em placas de ágar-sangue, devido ao efeito inibidor do ágar na atividade da toxina. Estas toxinas são caracterizadas por duas proteínas segregadas não associadas, referidas como componentes S e F (para proteínas de libertação lenta e rápida numa coluna de permuta iónica). O locus da toxina gama expressa dois componentes da classe S (HlgA e HlgC) e um componente da classe F **(Cunha e Calsolar, 2008; Haghkhah, 2009 & Spaulding, 2013).**

A leucocidina de Panton-Valentine é classificada como uma citolisina bicomponente (LukF-PV e LukS-PV) que se insere na membrana plasmática do hospedeiro e se heterooligomera para formar um poro **(Bien *et al.*, 2011).**

3.2.3. Moléculas de evasão imunitária

O Staphylococcus aureus possui também outras proteínas específicas que podem ter um impacto profundo no sistema imunitário inato e adaptativo. Exemplos deste tipo de proteínas são o inibidor do complemento estafilocócico (SCIN), a proteína inibidora da quimiotaxia de *S. aureus* (CHIPS), a estafiloquinase (SAK), a proteína extracelular de ligação ao fibrinogénio (Efb), a proteína de adesão extracelular (Eap) e a proteína inibidora do recetor do péptido de formilo (FLIPr). A SCIN é um inibidor da C3 convertase, que bloqueia a formação de C3b na superfície da bactéria e, por conseguinte, a capacidade dos neutrófilos humanos para fagocitar *S. aureus*. O CHIPS e o FLIPr bloqueiam os receptores de neutrófilos para quimioatraentes, o Eap bloqueia a migração de neutrófilos dos vasos sanguíneos para o tecido, a ligação do SAK às *α-defensinas* abole as suas propriedades bactericidas, enquanto o Efb inibe as vias clássicas e alternativas de ativação do complemento **(Bien *et al.*, 2011)**.

3.3. Toxina alfa hemolisina de *Staphylococcus aureus*

O gene da alfa-hemolisina foi descoberto no início da década de 1980, utilizando uma estratégia baseada em fagos recombinantes que transferiu a capacidade de lisar glóbulos vermelhos para *Escherichia coli* **(Berube e Wardenburg, 2013)**. O gene que codifica a alfa-hemolisina, *hla*, foi clonado a partir do cromossoma de *S. aureus* e sequenciado em 1984 por Gray e Kehoe **(Cunha e Calsolar, 2008).**

A expressão do monómero da α-toxina é controlada por vários sistemas reguladores globais. O locus regulador do gene acessório (*agr*) codifica um sistema de deteção de quorum que fornece o controlo primário da produção de *hia* através de uma molécula de ARN reguladora, o ARNIII. Ativado durante as fases tardia e estacionária do crescimento, o sistema agr permite a produção do péptido auto-indutor segregado (AIP). A ligação do AIP à sua superfície celular, AgrC, ativa o seu regulador de resposta, AgrA. AgrA liga-se ao promotor P3 do locus agr e ativa a produção da molécula RNAIII, culminando no aumento da expressão e secreção de *hia*, com apenas 1% do total de α-toxina a permanecer associado às células. Embora este sistema forneça o mecanismo primário de regulação da *hia*, os níveis de expressão também podem ser modulados pelos sistemas reguladores *Sae* e *Sar*. Apesar dos desafios associados à determinação da contribuição destes circuitos reguladores in vivo, é evidente que esta interação complexa entre estes reguladores globais permite o controlo rigoroso da expressão de hla e, provavelmente, facilita uma resposta rápida, mas específica, às alterações das condições ambientais **(Berube e Wardenburg, 2013).**

A toxina de hemolisina alfa liga-se à membrana celular, onde se reúne em heptâmeros em forma de barril (**Fig. 1**). A resposta citotóxica à toxina alfa depende do tipo de célula, mas também da concentração da toxina. Em concentrações mais elevadas, os grandes poros permissivos de Ca^{2+} resultam rapidamente em necrose, ao passo que concentrações mais baixas podem induzir apoptose **(Johansson *et al.*, 2008).**

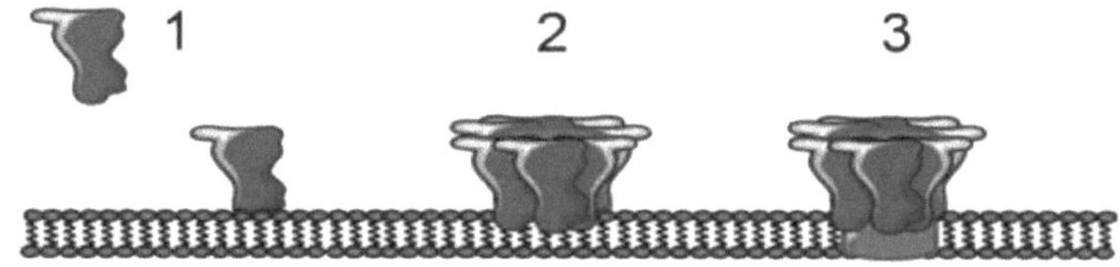

Figura (1): Ilustração esquemática da montagem da α-toxina na membrana plasmática. 1. O monómero liga-se à membrana. 2. Formação de um préporo heptamérico. 3. Poro heptamérico completamente montado.

A apoptose é um processo de morte celular programada que inclui o encolhimento da célula e a rutura da membrana. A apoptose pode ser conseguida através de uma variedade de estímulos, tais como receptores de morte, agentes de danos no ADN, citocinas com gaveta, etc., todos eles activando eficazmente as caspases **(Lowe & Lin, 2000; Haslinger *et al.*, 2003; Essman *et al.*, 2003; Elmore, 2007 & Wang *et al.*, 2011).**

3. 4. Identificação de *Staphlylococcus aureus*

3.1.1. Identificação de produtos bioquímicos

3.1.1.1. Identificação manual

Staphlylococcus aureus tem a capacidade de fermentar glucose e manitol produzindo ácido lático. Além disso, *os S. aureus* são catalase-positivos e oxidase-negativos

(**Habib** *et al.*, **2015**).

3.1.1.2. Identificação automatizada

Os sistemas de identificação automatizados são normalmente utilizados nos laboratórios de microbiologia clínica, sendo os sistemas Viteck e Microscan dois dos sistemas mais utilizados (**Rhoads** *et al.*, **1995**).

O sistema Vitek é um sistema fotométrico automatizado utilizado para a identificação e o teste de suscetibilidade de identificação de gram-negativos (GNI) e gram-positivos (GPI). Atualmente, o cartão GNI contém 25 bioquímicos convencionais e um antibiótico. O cartão de identificação só pode ser lido na leitora-incubadora automatizada. A base de dados associada ao cartão GNI inclui informações sobre 47 espécies de membros da família *Enterobacteriaceae* e 41 espécies de outros organismos gram-negativos. A identificação final está normalmente disponível após 4 a 8 horas de incubação (**Rhoads** *et al.*, **1995**).

O instrumento WalkAway - 96 é um sistema automatizado que incuba painéis de identificação de microtitulação e testes de suscetibilidade antimicrobiana, interpreta os resultados bioquímicos através da utilização de um leitor fotométrico ou fluorogénico e gera relatórios informatizados que podem ser ligados aos sistemas de formação de mainframe do hospital. Os painéis convencionais utilizam o leitor fotométrico e fornecem resultados de identificação para bacilos gram-negativos dentro de 15 a 42 horas, com reagentes adicionados automaticamente pelo instrumento walkAway. Os painéis podem ser retirados do instrumento walkAway e lidos manualmente se for necessária uma verificação. Os painéis para identificação de bacilos gram-negativos contêm 29 bioquímicos convencionais modificados e seis testes de antibióticos. A base de dados associada ao instrumento microscan walkAway contém informações para a identificação de 59 grupos, géneros ou espécies de membros da família *Enterobacteriaceae* (**Rhoads** *et al.*, **1995**).

O sistema phoenix é um sistema de identificação (ID) e teste de suscetibilidade (AST) totalmente automatizado. A parte de identificação do sistema baseia-se numa taxonomia numérica que utiliza múltiplas probabilidades para obter uma resposta.

Existem 2 tipos de painéis de ID, um para bacilos gram-negativos aeróbios e outro para bactérias gram-positivas aeróbias. Cada um dos tipos de painel é composto por 45 substratos bioquímicos e 2 poços de controlo fluorescentes. O objetivo desta avaliação era avaliar a viabilidade do painel para gram-negativos para identificar rapidamente (4 horas) 125 espécies de bacilos gram-negativos aeróbios sem utilizar testes adicionais fora de linha **(Salomon *et al.*, 1999).**

A placa de identificação automática sensititre AP80 (trek Diagnostic systems Ltd, Reino Unido) é um produto de diagnóstico in vitro para a identificação automática de *Enterobacteriaceae* e não *Enterobacteriaceae* comuns e clinicamente significativas. A placa faz parte do sistema de diagnóstico automatizado senitire, que inclui a identificação bacteriana e o teste de suscetibilidade antimicrobiana. A Trek Diagnostic systems Ltd desenvolveu uma base de dados melhorada para utilização com a nova GNID (placa de identificação de Gram-negativos), que substituirá a atual placa AP80. Estudos internos demonstraram que o desempenho da nova base de dados apresenta uma concordância de 93 a 95% com os métodos de referência para bactérias gram-negativas clinicamente significativas. Os resultados de um estudo realizado no Hospital Regional de Limerick, na Irlanda, utilizando a placa GNID para *Enterobacteriaceae* e não *Enterobacteriaceae*, revelaram que 95% de todos os isolados podem ser corretamente identificados quanto ao género e à espécie **(Brimecombe *et al.*, 2002).**

3.1.2. Identificação molecular

O genoma *do Staphylococcus aureus* é composto por um genoma central, um componente acessório e genes estranhos. Os genes do núcleo estão presentes em mais de 95% dos isolados, representam 75% de qualquer genoma de *S. aureus* e determinam a espinha dorsal do genoma. A organização do componente central é altamente conservada e a identidade de genes individuais entre isolados é de 98100%. A maioria dos genes do núcleo está associada a categorias funcionais fundamentais de funções de manutenção doméstica e metabolismo central **(Matachowa & Deleo, 2010).**

O componente acessório inclui regiões genéticas presentes em 1 -95% dos isolados e representa cerca de 25% de qualquer genoma de *S. aureus*. É normalmente constituído por elementos genéticos móveis que têm ou tiveram anteriormente a capacidade de transferência horizontal entre estirpes. Estes elementos genéticos incluem ilhas de patogenicidade, ilhas genómicas, profagos, cassetes cromossómicas e transposões **(Lindsay & Holden, 2004).** O genoma estafilocócico é constituído por um cromossoma circular (de aproximadamente 2800 pb), com plasmídeos, profagos e transposões **(Lowy, 1998).**

Os plasmídeos são elementos genéticos extracromossómicos de cadeia dupla, na sua maioria de forma circular e com um comprimento que varia entre 300 e 2400000 pares de bases. Estão presentes numa célula em números de cópias específicos, que variam de um a mais de 100, dependendo do plasmídeo, podendo coexistir diferentes tipos de plasmídeos numa célula **(Massoudieh *et al.*, 2006).**

Os fagos de *S. aureus* podem ser classificados em três grupos com base no tamanho do seu genoma. A classe I inclui fagos com genomas de menos de 20 kb, a classe II tem um material genético de aproximadamente 40 kb e a classe III tem mais de 125 kb. Pensa-se que os prófagos desempenham um papel importante na evolução e na patogenicidade de *S. aureus* e, muitas vezes, oferecem meios para a transferência horizontal de informação genética. Cada uma das estirpes de *S. aureus* sequenciadas até à data contém entre um e três profagos, a maioria dos quais contém determinantes de virulência exemplificados por enterotoxinas, toxina esfoliativa, estafilocinase e leucocidina de Panton-Valentine **(Wegrzyn *et al.*, 2009).**

Os transposões, originalmente designados por "genes saltadores", são segmentos de ADN móveis que podem deslocar-se frequentemente de um local para outro no cromossoma bacteriano, e também de e para plasmídeos, mas não podem replicar-se independentemente **(Massoudieh *et al.*, 2006).**

3.1.2.1. Expressão génica

A expressão génica é o processo pelo qual a informação biológica contida no gene é disponibilizada à célula. Como muitas cópias idênticas de RNA podem ser feitas a partir do mesmo gene, e cada molécula de RNA pode dirigir a síntese de muitas moléculas idênticas de proteína, as células podem sintetizar uma grande quantidade rapidamente. Mas cada gene também pode ser transcrito e traduzido com uma eficiência diferente, permitindo que a célula produza grandes quantidades de algumas proteínas e pequenas quantidades de outras **(Alberts *et al.*, 2002)**.

A transcrição do DNA produz uma única molécula de RNA padrão. A transcrição começa com a abertura e desenrolamento de uma pequena porção da dupla hélice do DNA para expor as bases em cada fita de DNA. Uma das duas fitas da dupla hélice de ADN actua então como um modelo para a síntese de uma molécula de ARN. A polimerase de ARN move-se gradualmente ao longo do ADN, desenrolando a hélice de ADN mesmo à frente do local ativo para a polimerização, de modo a expor uma nova região da cadeia modelo para o emparelhamento de bases complementares. Desta forma, a cadeia de ARN em crescimento é estendida por um nucleótido de cada vez na direção 5' para 3' **(Alberts *et al.*, 2002)**.

A tradução é a conversão da informação contida no ARNm em proteína **(Alberts *et al.*, 2002)**. A tradução divide-se em quatro fases: iniciação, alongamento, terminação e reciclagem do ribossoma. O ribossoma é composto por uma subunidade grande e uma subunidade pequena, que são montadas na região de iniciação da tradução (TIR) do ARNm durante a fase de iniciação da tradução. Na fase de alongamento seguinte, o ARNm é descodificado à medida que desliza através do ribossoma e é sintetizada uma cadeia polipeptídica. O alongamento continua até que o ribossoma encontre um códão de paragem no ARNm e o processo entre na fase de terminação da síntese proteica. A proteína recém-sintetizada é libertada do ribossoma. Na fase final de reciclagem do ribossoma, as subunidades ribossómicas dissociam-se e o ARNm é libertado **(Laursen *et al.*, 2005)**.

3.1.2.2. Mutação

A mutação é a fonte de toda a variação e inclui todas as alterações hereditárias num único genoma replicante, quer sejam causadas por erros de replicação do ADN, tais como substituições de pares de bases, inserções e detecções, quer pela atividade de transposões e elementos de sequência de inserção que podem mover-se (e replicar-se) no genoma independentemente do ciclo de replicação do hospedeiro. A taxa de mutação microbiana varia não só entre espécies, mas também entre diferentes genes do mesmo indivíduo e mesmo dentro do mesmo gene em diferentes momentos (**Belkum *et al.*, 2001 & Najafi & Pezeshki, 2013).**

As mutações espontâneas são mutações que ocorrem na ausência de agentes exógenos. Podem ser devidas a erros cometidos pelas polimerases do ADN durante a replicação ou reparação, a erros cometidos durante a recombinação, ao movimento de elementos genéticos ou a danos espontâneos no ADN. A taxa de ocorrência de mutações espontâneas pode fornecer informações úteis sobre os processos celulares **(Foster, 2007).**

Algumas mutações podem produzir efeitos profundos. Podem alterar a estrutura de uma proteína crítica de tal forma que o organismo fica gravemente distorcido e incapaz de sobreviver. Outras mutações podem causar alterações na proteína que não afectam de todo a sua função. Tais mutações são adaptativamente neutras, ou seja, não são nem melhores nem piores do que a forma original do gene **(Thompson, 1994).**

3. 4.2.3. A reação em cadeia da polimerase (PCR):

A descoberta da técnica da Reação em Cadeia da Polimerase é atribuída a kary mullis, um químico que ganhou o prémio Noble em 1993 pelo seu trabalho sobre a PCR **(Foster *et al.*, 2007).** Em 1985, Saiki e os seus colegas utilizaram pela primeira vez o novo método para detetar o gene β-goblin do doente para o diagnóstico da anemia falciforme. Em 1987, Kwok e colegas identificaram o vírus da imunodeficiência humana (VIH) utilizando o método PCR e este foi o primeiro relatório sobre a aplicação da PCR no diagnóstico clínico de doenças infecciosas. Atualmente, os métodos de deteção molecular, especialmente os métodos baseados na PCR, tornaram-se métodos de deteção cada vez mais importantes no diagnóstico clínico **(Millar *et al.*, 2009).**

A Reação em Cadeia da Polimerase (PCR) é um método que utiliza a enzima DNA polimerase estável ao calor (Taq polimerase). Um iniciador oligonucleotídico que dirige a amplificação enzimática de uma sequência de ADN específica e de interesse. Esta técnica é capaz de amplificar uma sequência 10^5 a 10^6 vezes a partir de quantidades nanométricas de ADN modelo num contexto alargado de sequências irrelevantes (por exemplo, a partir de ADN genómico total). O produto da PCR é amplificado a partir do modelo de ADN. Utilizando um termociclador automático, a reação é submetida a 30 ou mais ciclos de desnaturação, recozimento dos iniciadores e polimerização **(Lamirmore, 1990; Hassen *et al.*, 2002 & Glodman e Green, 2009).**

3.1.1.1.1. Tipos de PCR

Existem vários tipos de tecnologia PCR.

1.   A PCR convencional utiliza uma ADN polimerase termoestável para amplificar uma região do ADN alvo definida em cada extremidade por um iniciador específico. Este é o tipo de PCR mais fácil de efetuar e com o menor custo de equipamento e materiais necessários **(Sen *et al.*, 2004).**

2.   Na PCR em tempo real, a perda pode detetar e medir a amplificação de ácidos nucleicos alvo à medida que são produzidos em tempo real. Trata-se de um método rápido, que normalmente elimina a necessidade de análises pós-amplificação, aumenta a especificidade devido à utilização de sondas ou curvas de fusão e as análises em tubos totalmente fechados criam um menor potencial de contaminação cruzada **(Sen *et al.*, 2004).**

3.   Um terceiro tipo de PCR é a PCR multiplex, uma modificação da PCR convencional ou em tempo real em que dois ou mais segmentos de ADN diferentes são amplificados com a mesma reação. Caracteriza-se pela amplificação de múltiplas sequências alvo numa única reação, reduzindo o tempo **(Sen *et al.*, 2004).**

4.   Um quarto tipo de PCR é o Nested PCR, que é uma PCR convencional com uma segunda ronda de amplificação utilizando um conjunto diferente de iniciadores. É potencialmente mais sensível e diminui o potencial de amplificação não específica **(Sen *et al.*, 2004).**

Um tipo mais recente de PCR é a Transcrição Reversa (RT) - PCR, utilizada para amplificar sequências alvo de ARN, como o ARN mensageiro e genomas de ARN viral. Este tipo de PCR envolve uma incubação inicial da amostra ambiental ou do

ARN de controlo com uma enzima Transcriptase Reversa e um iniciador de ADN. Pode amplificar todos os tipos de ARN (**Sen *et al.*, 2004**).

3.5. Clonagem

3.5.1. Vectores de clonagem

Os vectores de clonagem são moléculas de ADN portadoras. Quatro caraterísticas importantes de todos os vectores de clonagem são que eles: (i) podem replicar-se independentemente e os segmentos de ADN estranho que transportam; (ii) contêm um número de locais de clivagem de endonuclease de restrição únicos que estão presentes apenas uma vez no vetor; (iii) transportam um marcador selecionável (geralmente sob a forma de genes de resistência a antibióticos ou genes para enzimas em falta na célula hospedeira) para distinguir as células hospedeiras que transportam vectores das células hospedeiras que não contêm um vetor; e (iv) são relativamente fáceis de recuperar da célula hospedeira (**Millus, 1990 & Carson *et al.*, 2012**).

3.5.2. Tipos de vectores

3.5.2.1. Os vectores de plasmídeos

Os vectores plasmídicos são pequenas moléculas circulares de ADN que se encontram em muitos tipos de bactérias. Os plasmídeos têm uma "origem de replicação" que dirige a replicação do plasmídeo e assegura que a célula contém muitas cópias do plasmídeo que são distribuídas entre as células filhas quando a célula se divide. O número exato de cópias varia de acordo com o plasmídeo em particular. Desde que o gene que se clonou faça parte de uma molécula de ADN com uma origem de replicação, ou seja, clonado num plasmídeo, também será copiado quando o plasmídeo for copiado (**Brown, 2010**).

3.5.2.2. Bacteriófagos

Os bacteriófagos, ou fagos, como são vulgarmente conhecidos, são vírus que infectam especificamente as bactérias. Como todos os vírus, os fagos têm uma estrutura muito simples, consistindo apenas numa molécula de ADN (ou, ocasionalmente, de ácido ribonucleico (ARN)) que contém vários genes, incluindo vários para a replicação do fago, rodeada por uma capa protetora ou cápside constituída por moléculas de proteínas. Os bacteriófagos são de dois tipos principais: a) cabeça e cauda (por exemplo, λ) b) filamentosos (por exemplo, M13) **(Brown, 2010).**

3.5.2.3. Cosmídeos

Os cosmídeos são vectores que são híbridos de fagos λ e plasmídeos, e o seu ADN pode replicar-se na célula como o de um plasmídeo ou ser empacotado como o de um fago. No entanto, os cosmídeos podem transportar inserções de ADN cerca de três vezes maiores do que as transportadas pelo próprio λ (até cerca de 45 kb). A chave é que a maior parte da estrutura do fago λ foi eliminada, mas as sequências de sinal que promovem o enchimento da cabeça do fago (*cos* sites) permanecem. Esta estrutura modificada permite que as cabeças dos fagos sejam preenchidas com quase todo o ADN dador. O DNA cósmico pode ser empacotado em partículas de fago usando o sistema in vitro **(Lodish *et al.*, 2000).**

3.5.2.4. Vectores de expressão

Uma forma de detetar um determinado gene clonado é através da deteção do seu produto proteico expresso na célula bacteriana. Por conseguinte, nestes casos, é necessário poder exprimir o gene nas bactérias, ou seja, transcrevê-lo e traduzir o ARNm em proteínas. A maioria dos vectores de clonagem não permite a expressão dos genes clonados, mas essa expressão é possível se forem utilizados vectores especiais. No entanto, uma vez que as bactérias não conseguem processar intrões, as sequências clonadas têm de ser desprovidas de intrões. O gene clonado é inserido junto a sinais bacterianos apropriados de início de transcrição e tradução. Alguns vectores de expressão foram concebidos com locais de restrição situados mesmo junto a uma região reguladora *lac*. Estes locais de restrição permitem que o ADN estranho seja inserido no vetor para expressão sob o controlo do sistema regulador *lac* **(Lodish *et al.*, 2000).**

3.5.3. As etapas da clonagem de genes

A clonagem do gene consiste em quatro etapas (seleção do vetor adequado e tratamento do gene com a mesma enzima de restrição, enzima ligase, métodos de transferência do gene, expressão do gene e purificação da proteína) **(Jain, 2007)**, como **mostra** a **figura (2).**

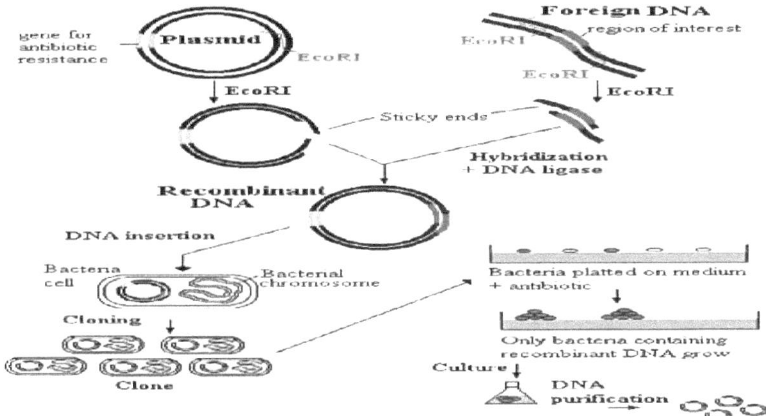

Figura (2): As etapas da clonagem de genes.

3.5.3.1. Enzima de restrição

O vetor e o ADN selecionado são tratados com a mesma enzima de restrição. As enzimas de restrição são enzimas bacterianas que reconhecem sequências específicas de 4 a 8 pb, denominadas *locais de restrição,* e clivam ambas as cadeias de ADN nesse local. Uma vez que estas enzimas clivam o ADN dentro da molécula, são também chamadas *endonucleases de restrição* para as distinguir das exonucleases, que digerem os ácidos nucleicos a partir de uma extremidade. Muitos locais de restrição, como o local *EcoRI* mostrado na **Figura (3),** são sequências curtas de repetição invertida; isto é, a sequência do local de restrição é a mesma em cada cadeia de ADN quando lida na direção 5' → 3'. Uma vez que o ADN isolado de um organismo individual tem uma sequência específica, as enzimas de restrição cortam o ADN num conjunto reprodutível de fragmentos denominados fragmentos de restrição **(Lodge *et al.*, 2007 & Jain, 2007).**

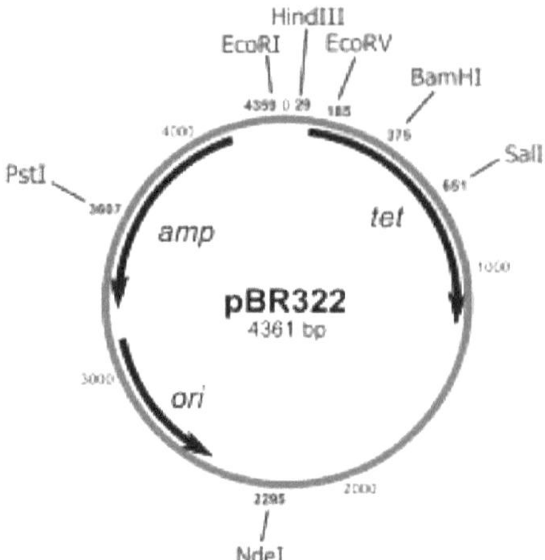

Figura (3): A estrutura do vetor plasmídico mostra o local de restrição (local *EcoRI*).

3.5.3.2. Enzima ligase

A enzima DNA ligase catalisa a formação de uma ligação fosfodiéster covalente entre os fragmentos de restrição do gene inserido e os fragmentos de restrição do vetor plasmídico **(Lodge *et al.*, 2007 & Jain, 2007).**

3.5.3.3. Métodos biológicos de transferência de ADN bacteriano

Os métodos biológicos de transferência de ADN bacteriano incluem a conjugação, a transformação genética e a transdução. Os métodos biológicos, como a conjugação e a transdução, requerem normalmente um dador de ADN específico ou uma estirpe hospedeira para conseguir a transferência de ADN bacteriano, enquanto a transformação genética está limitada a alguns grupos naturalmente competentes **(Song *et al.*, 2007).**

A conjugação é um mecanismo de transferência codificado por plasmídeos ou transposões que requer contacto celular, descrito pela primeira vez por Lederburg e Tatum (1946) **(Paul, 1999).** O contacto celular é seguido pela retração do pilus e pela formação de uma ponte de acoplamento através da fusão de uma porção das membranas celulares. Na célula dadora, uma das cadeias de ADN é clivada e depois gradualmente separada da cadeia complementar enquanto é transferida para a recetora, através da ponte de acasalamento. Quando a cadeia única entra na célula recetora, é sintetizada uma cadeia complementar, e a cadeia de ADN retoma a forma circular de um plasmídeo. Quando o dador e o recetor se separam, ambas as células possuem uma cópia completa do plasmídeo **(Massoudieh *et al.*, 2006).**

A transdução é o processo de transferência de genes em que um fago empacota, por engano, algum ADN do hospedeiro no capsídeo e o transfere para outra bactéria aquando da infeção subsequente. Este processo pode resultar na transferência de um fragmento aleatório do genoma do hospedeiro ou de um plasmídeo (denominado transdução generalizada) ou, quando se utiliza um fago temperado, de genes específicos que flanqueiam o local de integração do profago **(Paul, 1999).**

A transformação envolve a absorção e a expressão de genes codificados no ADN extracelular. A transformação é uma função fisiológica normal de certas bactérias e é mediada por genes cromossómicos. É feita uma distinção entre a transformação natural e a transformação artificial no que diz respeito à competência, ou à capacidade de absorver ADN. As bactérias naturalmente competentes expressam a competência em algum momento do seu ciclo de vida, enquanto que a competência induzida artificialmente, tal como utilizada na transformação de plasmídeos em *E. coli*, é o resultado de uma perturbação química ou física da membrana/parede celular para permitir a penetração de plasmídeos covalentemente fechados **(Paul, 1999 & Ceremonie *et al.*, 2004).**

Os plasmídeos e transposões podem transportar uma variedade de caraterísticas, incluindo resistência a antibióticos ou metais pesados, capacidade de produção de toxinas, factores de virulência, capacidade de biodegradar um substrato e plasmídeos que codificam a própria maquinaria conjugativa **(Massoudieh *et al.*, 2006).**

3.5.4. Aplicação da clonagem em medicina

1.   Identificação de genes responsáveis por doenças humanas **(Brown, 2010).**

2.   Produção de proteínas a partir de genes clonados. O gene do forigénio é simplesmente ligado a um vetor padrão e clonado na bactéria *E.coli*. A quantidade

significativa de proteína recombinante será sintetizada **(Brown, 2010).**

3. Produção de produtos farmacêuticos recombinantes, como a insulina recombinante, a síntese de hormonas de crescimento humanas em *E.coli* e outras proteínas humanas recombinantes (vacinas recombinantes) **(Brown, 2010).**

4. Terapia genética, como a terapia de linha germinal e a terapia de células somáticas **(Brown, 2010).**

4. Materiais e métodos

Este estudo foi realizado durante um período de 6 meses, de março de 2015 a setembro de 2015. Foram recolhidas amostras de doentes que frequentavam o Children Mansoura University Hospital (CMUH), incluindo sangue, pus e urina.

4.1. Materiais

4.1.1. Media

4.1.1.1. Meio de ágar nutriente utilizado no meio de ágar sangue.

Meio de ágar nutriente (fabricado na Índia):-

Ingradientes	gm / ml
Ágar	15 g
Peptona	5 g
Cloreto de sódio	5 g
Extrato de carne de bovino	1.5 g
Extrato de levedura	1.5 g
pH	7,4±2 a 25C
Água destilada	1 L

Os componentes deste meio foram misturados e esterilizados por autoclavagem a 120° C durante 15 minutos. Foi utilizado para a cultura de rotina de bactérias.

4.1.1.2. Meio de caldo Luria bertain (L B)

Peptona	10 g
Cloreto de sódio	5 g
Extrato de levedura	5 g
pH	7 a 25° C
Água destilada	1 L

Os componentes deste meio foram misturados e esterilizados por autoclavagem a 120°

C durante 15 minutos. Foi utilizado para *E.coli* recombinante.

4.1.1.3. Meio de caldo de soja triptona

Peptona de   caseína17 gm/L

Cloreto de sódio5 gm/L

Dextrose2   ,5 gm/L

Peptona de soja3 gm/L

Fosfato dipotássico 2,5 gm/L

pH=7,3±0,2

Os componentes deste meio foram misturados e esterilizados por autoclavagem a 120°
C durante 15 minutos. Foi utilizado para a extração de proteínas e de ARN.

4.1.2. Reagentes de gel de poliacrilamida desnaturado com dedocil sulfato de sódio por eletroforese (SDS-PAGE).

1-   Acrilamida / monómero bis (30%)

-                       Acrilamida29gm

-     Bis   -acrilamida1gm

-     Água   destilada100ml

história no escuro

2-   Tris - base (1M)

-     Tris -base21   ,1 gm

-     Água destilada 100 ml

Ajustado para ph 6,8

3-   Tris - Cl (1,5M)

-     Tris -base18   .   15gm

-     Água   destilada100ml

Ajustado a ph 8,8

4-   Dicloreto de sódio sulfatado (SDS) (10%)

-               SDS10gm

-   Água   destilada100ml

5-   Pré-sulfato de amónio (APS) (10%)

-   Persulfato de amónio 10 gm

-   Água destilada100   ml

6-   Tampão de lise

-   NaH_2PO_4(20mM)   0. 6gm

-   Na2HPO4 (20mMm) 2,5 gm

-   ETDA0   ,   02gm

-   β- Mercaptoetanol (M.E)   100 ml

-   completou o volume para 200 ml com H2O destilada

7-Tampão de funcionamento

-   Tris - Base   4.5   gm

-   Glicina28   .   1gm

-   SDS1   .   5ml

-   Dissolveu-se e compele-se a 1,5 litros com água destilada.

8-   Solução de coloração.

-   Azul clássico0.   5gm

-               Metanol40ml

-   Ácido acético glacial10ml

-   Água   destilada50ml

9-   Solução de descoloração (X)

- H2O   destilada40ml

- Ácido acético   glacial10ml

-                 Metanol50ml

10- Coloração com tampão de corante

- 50 mM Tris -HCl(50mM)

- 1mM   β - Mercaptoetanol

- 20%   SDS

- 10%   Glicerol (1-10 ml)

- 0.1%   Azul de bromofenol

11- Tampão de permissão de gel

- 150   mMNaCl

- 50 mMNa HpO4

- 50 mMNa HpO4

- 1   mMEDTA

- completar o volume para 250 ml com H2O destilada (PH=7).

4.1.3. Kits

4.1.3.1. Kit de extração de ARN (Intronbio-technology, Coreia).

É constituída por (tampão R, etanol a 70 %, tampão de lavagem A, tampão de lavagem B, tampão de eluição, coluna de centrifugação de ARN).

4.1.3.2. Kit de extração de ADN em gel (Biobasic Inc, Canadá).

É constituída por (tampão de ligação II, tampão de lavagem, tampão de eluição, coluna de centrifugação EZ-10).

4.1.4. Materiais utilizados na RT-PCR.

1. Enzima Taq polimerase **(promega, fabricada nos E.U.A.)**

2. dNTPs (2,5 mM)

3. Água sem nuclease

4. **Primer de oligonucleótido**: *as* sequências do primer *hia* foram selecionadas de acordo com

a **Tavares, 2014** :

hia RT_Forward: 5'-TAATGAATCCTGTCGCTAATGCC-3',*hia* RT_reverse: 5'-CACCTGTTTTTACTGTAGTATTGCTTCC-3'.

5. Kit Syber green (**Bioteke corporation, China**).

4.1.5. Materiais utilizados na clonagem.

1. Vetor de expressão (pH6HTNHis6HaloTag®T7vector) (**Promega, U. S. A.) como na Fig. 4.**

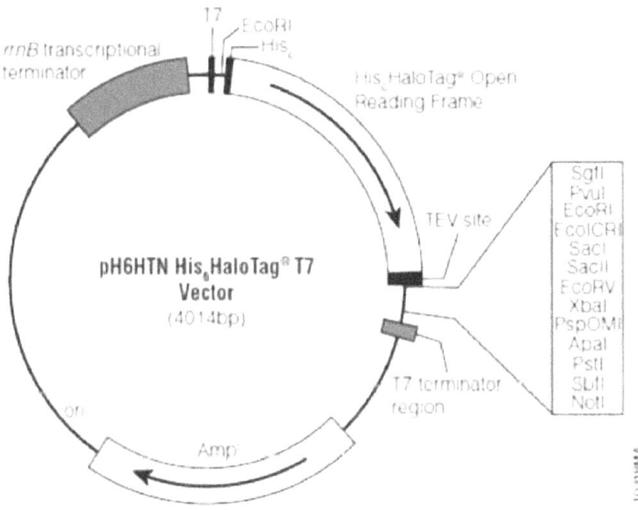

Figura (4): Mapa do círculo do vetor pH6HTNHis6HaloTag®T7 e pontos de referência da sequência.

2. Enzima de restrição (*EcoR1*) (**Promega, U. S. A.**).

3. Enzima ligase (DNA T4 ligase) (**Promega, U. S. A.**).

4. As células competentes *E.coli* DH5α (**Promega, E.U.A.**) preparadas pelo método de Hanahan modificado pela Takara Bio, são um hospedeiro para transformação. Pode ser utilizada para o rastreio azul/branco utilizando a atividade da β-galactosidase (α-complementação) na utilização combinada de vectores pUC. Por conseguinte, as células competentes de *E. coli* DH5α permitem uma seleção fácil de clones recombinantes com X-Gal aquando da construção de uma biblioteca de genes ou da subclonagem de plasmídeos recombinantes (**Kostylev *et al.*, 2015**).

5. X-Gal : 5-Bromo-4-Cloro-3-Indolil-β-D-Galactosídeo.

6. IPTG : Isopropil β-D-1-tiogalactopiranosídeo.

5. Tampão da solução de armazenamento da transformação (TSS) (50 ml de tampão TSS (5 g de polietilenoglicol (PEC), 1 ml de MgCl2 , (50mM) 2,5 ml de DMSO, 30 ml de meio L B)

4.1.6. Materiais utilizados na cultura de tecidos de linhas celulares

4.1.6.1. Produtos químicos utilizados na cultura de tecidos de linhas celulares

1. O dimetilsulfóxido (DMSO), o violeta cristal e o corante azul de triptofano foram adquiridos à Sigma (St. Louis, Mo., EUA).

2. O soro fetal bovino, DMEM, RPMI-1640, solução tampão HEPES, L-glutamina, gentamicina e 0,25% de tripsina-EDTA foram adquiridos à Lonza.

3. Coloração com violeta de cristal (1%): É composto por violeta cristal a 0,5% (p/v) e metanol a 50%, depois completado o volume com ddH_2O e filtrado através de um papel de filtro Whatmann n.º 1.

4.1.6.2. Linhagens de células de mamíferos:

As células HepG-2 (carcinoma hepatocelular humano), HCT-116 (carcinoma do cólon), células MCF-7 (linha celular de cancro da mama humano) e células A-549 (linha celular de cancro do pulmão humano) foram obtidas da VACSERA Tissue Culture Unit.

4.2. Métodos

4.2.1. Isolamento de um isolado bacteriano.

Foi efectuado o isolamento de isolados bacterianos de diferentes amostras clínicas, incluindo sangue, pus e urina. Os espécimes foram recolhidos ascepticamente em recipientes esterilizados e transportados para o Laboratório de Microbiologia do Children Mansoura, onde foram inoculados num meio adequado.

4.2.1.1. Recolha e transporte de amostras:

4.2.1.1.1. Amostras de sangue

Foram colhidas amostras de sangue de doentes que sofriam de que foram injectadas em frascos de bact / alert de 20 ml e transportadas para o micro-laboratório do hospital de Chlidren da Faculdade de Medicina. Cada frasco de Bact/Alerta deve conter o nome e a idade do doente. O frasco de Bact / Alert foi incubado a 37° C durante 6 dias. Se o meio se tornar cor de laranja, isso indica que as bactérias estão a ser encontradas na amostra. A amostra foi inoculada no meio adequado **(Bourbeau *et al.*, 1998).**

4.2.1.1.2. Esfregaços de pus

As amostras de pus foram colhidas com cotonetes estéreis (pus fresco), mas um pequeno frasco com tampa de rosca e um tubo com rolha firme deve conter o nome e a idade do doente **(Verna, 2012).**

4.2.1.1.3. Amostras de urina

De cada doente, as amostras de urina foram recolhidas num recipiente estéril e inculcadas em meio de ágar nutriente no laboratório no prazo de 2 horas após a recolha **(Ghenghesh *et al.*, 2009).**

4.2.1.2. Preparação de meios de ágar-sangue

Foram suspensos 28 g de ágar nutriente (TM Media, Índia) em 1 litro de água desionizada estéril, misturados cuidadosamente, aquecidos para dissolver completamente o pó e autoclavados a 121°C durante 15 minutos. A este meio foi adicionado cerca de 5% de sangue e misturado suavemente a 50°C **(Russell *et al.*, 2006**

& Sogaard *et al.*, 2007).

4.2.1.3. Isolamento de organismos:

As amostras de sangue, pus e urina foram inoculadas no meio Agar Sangue, que é composto por peptona como nutriente, ágar como agente solidificador e glóbulos vermelhos como indicador. Este indicador torna-se esverdeado ou acastanhado, indicando a presença da toxina hemolisina alfa.

As colónias isoladas foram identificadas por morfologia colonial e coloração de Gram.

4.2.2. Filmes com coloração de Gram

As bactérias cultivadas em meio de ágar-sangue foram colhidas numa lâmina de vidro limpa e foram preparadas películas bacterianas. As películas coradas com Gram foram examinadas para deteção de cocos Gram-positivos **(Steinbach e Shetty, 2001)**.

4.2.3. Identificação bioquímica

Os cocos Gram positivos foram identificados por meio de testes bioquímicos manuais, incluindo o teste da coagulase e o teste da catalase, como indicado a seguir:

4.2.3.1. Identificação do crescimento bacteriano através do teste da coagulase

O teste da coagulase foi efectuado utilizando 1 ml de plasma em tubos esterilizados. Os tubos foram inculcados com duas colónias do organismo, incubados a 37°C durante 4 horas e examinados quanto à coagulação **(Sperber e Tatin, 1974)**.

4.2.3.2. Identificação do crescimento bacteriano através do teste da catalase

O teste da catalase foi realizado utilizando peróxido de hidrogénio (H_2O_2). As bactérias crescidas em meio de ágar sangue foram colhidas numa lâmina de vidro limpa, adicionou-se peróxido de hidrogénio e observaram-se bolhas de oxigénio (**Taylor & Achanzar, 1972**).

4.2.4. Identificação molecular:

4.2.4.1. Análise de proteínas (Modificado de Harlow e lane , 1988).

As proteínas celulares dos isolados de *S. aureus* foram separadas e colocadas em bandas em eletroforese em gel de poliacrilamida desnaturado com dedocil sulfato de sódio (SDS-PAGE), de acordo com o método descrito por Harlow e lane (1988). O seu método de separação e diferenciação foi efectuado de acordo com os seus pesos moleculares. A separação das proteínas por SDS-PAGE pode ser utilizada para estimar a distância de deslocação das bandas, para determinar o peso molecular de cada banda e para determinar a distribuição das proteínas entre os isolados de *S. aureus*. Para separar as proteínas celulares, são necessárias várias etapas, que incluem: preparação de amostras de proteínas, preparação do gel, carregamento das proteínas no gel e, em seguida, eletroforese.

4.2.4.1.1. Preparação da suspensão bacteriana

30 isolados de *S. aureus* foram cultivados em 10 ml de meio de caldo de soja triptona (TSB). O meio foi autoclavado a 121 °C durante 15 minutos e a 37 °C durante 24 horas. As células foram cultivadas durante 48 h e, em seguida, os sedimentos foram recolhidos por centrifugação a 12000 rpm durante 5 minutos. Os pellets de células foram triturados em 1000 µl de tampão de lisagem, recolhidos num novo tubo eppendroff e centrifugados a 12000 rpm durante 10 minutos. O sobrenadante de cada amostra foi transferido para um novo eppendrof e armazenado a -20 até ser utilizado. Cerca de 25 µl de cada amostra foram retirados e bem misturados com 15 µl de tampão de corante de carga e fervidos a 95°C durante 5 minutos. As amostras foram transferidas para gelo até serem carregadas.

4.2.4.1.2. Gel de proteínas.

O gel de poliacrilamida é constituído por uma camada de resolução ou camada inferior e uma camada de empilhamento ou camada superior que é imersa no gel.

Procedimentos do gel de proteínas.

1-O gel separador foi preparado da seguinte forma :

Base Tris 1,5M (1,0 M)	2.5	µl
Monómero de acrilamida/bis (30%)	4	ml

10% SDS	100	µl
10% de persulfato de amónio (APS)	100	µl
Água destilada	3.3	ml
TEMED	10	µl

A solução de gel de separação foi bem misturada e pipetada para a unidade de gel slap vertical montada, no modo de moldagem, até cerca de 1,5-2 cm do topo. A superfície foi nivelada pela adição de uma camada fina (50µl) de isopropanol e deixada a polimerizar à temperatura ambiente durante 30 minutos. O isopropanol foi vertido do topo do gel de separação.

2-Em seguida, o gel de empilhamento foi preparado como se segue:

0,5M Tris Hcl	630	µl
Monómero de acrilamida/bis (30%)	830	µl
10% SDS	50	µl
10% de persulfato de amónio (APS)	50	µl
Água destilada	3.4	ml
TEMED	10	µl

A solução do gel de empilhamento foi misturada e pipetada em cima do gel de separação, e o pente foi inserido na sanduíche de placa de vidro através do gel de empilhamento, tendo-se deixado polimerizar todo o gel durante 30 minutos à temperatura ambiente.

3-O gel completamente polimerizado foi montado no aparelho de eletroforese e o pente foi retirado lentamente do gel polimerizado, gerando os poços.

4- As amostras foram carregadas no poço de separação da seguinte forma:

30 µl da amostra

31 µl de proteína marcadora (**Tiangen Biotech**)

5- O aparelho foi enchido com tampão de corrida e ligado. A fonte de alimentação foi então desligada quando o corante chegou ao fim do gel. A sanduíche de placa de vidro que contém o gel foi retirada da cuba de eletroforese.

6- A sanduíche de placas de vidro foi desmontada para remover o gel. Os géis foram transferidos para uma solução de coloração Commassie Brilliant Blue R-250 e mantidos sob agitação durante 30 minutos à temperatura ambiente.

7- Os géis corados foram retirados da solução de estirpe e lavados uma vez com água destilada antes de os géis serem transferidos para uma solução de descoloração durante a noite.

8- Nesta fase, as bandas proteicas podem ser visualizadas a olho nu, os géis foram fotografados e depois analisados.

4.2.4.2. Reação em cadeia da polimerase em tempo real (RT-PCR) para deteção da toxina alfa hemolisina de *S. aureus* (Tavares, 2014).

4.2.4.2.1. Preparação da suspensão bacteriana

S. aureus (11 estirpes) foram cultivadas em 5 ml de caldo Trypton Soya Bean (TSB) a 37 °C durante 24 horas, recolhendo-se os sedimentos por centrifugação a 12000 rpm durante 5 minutos. Os pellets de células foram armazenados a -4 °C até serem utilizados (**Liang *et al.*, 2011**).

4.2.4.2.2. Extração de ARN pelo método do kit (fabricado na Coreia).

O isolamento do ARN das células bacterianas foi efectuado utilizando o kit RNAasy de acordo com as instruções do fabricante (**Intronbio- Technology, Coreia**). Os pellets de células armazenadas foram dissolvidos em 350 µl de tampão R, agitados em vórtex à temperatura ambiente durante 30 segundos e incubados à temperatura ambiente durante 30 segundos. O lisado foi bem misturado com 350 µl de etanol a 70 %. Os lisados celulares foram colocados na coluna e centrifugados a 13000 rpm durante 30 segundos. O fluxo foi eliminado após a centrifugação e a colocação da coluna de centrifugação no mesmo tubo de recolha de 2 ml. Adicionaram-se 700µl de tampão de lavagem A à coluna de RNA-spin e centrifugou-se durante 30 segundos a 13000 rpm para lavar a coluna. Deitou-se fora o fluxo e colocou-se a coluna de centrifugação de novo no mesmo tubo de recolha de 2 ml. A coluna foi lavada adicionando 700 µl de tampão de lavagem B e centrifugada durante 30 segundos a 13000 rpm. Os tubos foram centrifugados durante 2 minutos a 13000 rpm para secar a membrana de centrifugação do ARN. As colunas foram colocadas em tubos de microcentrifugação limpos de 1,5 ml e adicionados 50 µl de tampão de eluição diretamente às membranas, incubadas à temperatura ambiente durante 1 minuto e centrifugadas durante 1 minuto a 13000 rpm. A extração de ARN foi armazenada a -20° C até ser utilizada.

4.2.4.2.3. Preparação de ADN complementar (cDNA).

A reação de cDNA foi realizada com a enzima Transcriptase Reversa. Cada reação foi feita numa mistura de reação de 20 µl contendo: 3 µl de extração de RNA, 2,5 µl de tampão, 2,5 µl de DNTPs (dATP, dCTP, dGTP, dTTP (2,5 mM de cada)), 5 µl do primer (primer reverso do gene específico (gene *hia*)), 0,2 µl de enzima transcriptase reversa, 6,8 µl de água de PCR (sem nuclease). Os tubos foram misturados e transferidos para o aparelho de PCR e o programa foi introduzido da seguinte forma: A reação foi iniciada por um primeiro passo a 42°C durante 1 hora, seguido de um segundo passo a 72° durante 10 minutos. Os produtos de cDNA foram armazenados a -20°C até serem utilizados.

4.2.4.2.4. Reação de PCR.

A reação de PCR foi feita numa mistura de reação de 25 µl contendo: 2,5 µl de cDNA armazenado, 5 µl de tampão, 4 µl de M $MgCl_2$, 3 µl de dNTPS (d ATP, dCTP, dGTP, dTTP (2.5 mM de cada), 3 µl do primer (1,5 µl de forward + 1,5µl de reverse), 0,4 µl de Taq DNA polimerase, 7,1 µl de água de PCR (livre de nuclease). Os tubos foram misturados e transferidos para o aparelho de PCR e o programa foi introduzido da seguinte forma: A reação foi iniciada por um passo de desnaturação a 95°C durante 2 minutos, seguido de 30 ciclos de desnaturação (95°C, 1 minuto), recozimento (50°C, 1 minuto) e extensão (72°C, 1 minuto), a reação foi terminada com um passo de extensão a 72°C, 5 minutos). No final, o programa foi iniciado. Os produtos amplificados foram armazenados a -20°C até serem utilizados **(Tavares, 2014 & Ouyang *et al.*, 2016).**

4.2.4.2.5. Eletroforese em gel:

Os produtos da PCR foram carregados num gel de agarose (2 gramas de agarose foram fervidos com 100 ml de tampão TBE (x) (Tris-borato (10 X): 108 g de Tris-base, 55 g de ácido bórico, 8 g de EDTA) e o gel foi corado com brometo de etídio) da seguinte forma: 5 µl de cada reação + 5 µl de corante de carga e 5 µl de escada de ADN + 5 µl de corante de carga. Fazer correr o gel durante 30 minutos a 120 volts. Expor o gel à luz UV e fotografar (**Johnson & Stell, 2000**).

4.2.4.2.6. Ensaio de PCR quantitativo em tempo real.

A Q-RT-PCR foi realizada com o Sybr Green PCR Master Mix (**Bioteke corporation, China**). Cada reação foi realizada em uma mistura de 25µl contendo: 5 µl de primer direto, 5 µl de primer reverso, 3 µl de cDNA, 12 µl de sybr green. As amostras foram centrifugadas antes de serem carregadas nos poços do rotor.

O programa consistiu em 45 ciclos (ativação inicial a 95°C durante 15 minutos, desnaturação a 94°C durante 15 segundos, recozimento a 60°C durante 30 segundos, extensão a 72°C durante 30 segundos). Após o protocolo de ciclagem, foram obtidas as curvas de fusão para eliminar a produção de produtos específicos. A aquisição de dados foi efectuada durante o passo de extensão. A reação foi realizada com um Rotor-Gene 6000 (**QIAGEN, ABI System, EUA**).

4.2.4.2.7. Análise de dados RT-PCR

O rácio da expressão do gene *hia* foi calculado com base no Ct (RT-PCR out put) do gene *hia* (Ct *hia*), no Ct do controlo (controlo interno) e no Ct 16S (como referência) da seguinte forma

$$\Delta C_{t(Target)} = C_{t(Target)} - C_{t(Reference)}$$

$$\Delta C_{t(Control)} = C_{t(Control)} - C_{t(Reference)}$$

$$\Delta \Delta C_t = \Delta C_{t(Target)} - \Delta C_{t(Control)}$$

$$\text{Ratio of expression quantity of } hia = 2^{-\Delta\Delta C_t} \quad (\textbf{Rao } et\ al.\ \textbf{2013}).$$

4.2.4.3. Purificação PCR

A purificação da PCR foi efectuada utilizando o kit de extração de ADN em gel **(Biobasic Inc, Canadá)**. O fragmento de ADN foi retirado do gel com um bisturi limpo e afiado e o gel foi transferido para um tubo de microcentrífuga de 1,5 ml. Misturaram-se 100 mg de gel com 400 µl de tampão de ligação II e incubou-se a 50-60°C durante 10 minutos, agitando-se ocasionalmente até a agarose estar completamente dissolvida. A mistura foi adicionada à coluna de centrifugação EZ-10, deixada em repouso durante 2 minutos e centrifugada a 1000 rpm durante 2 minutos, sendo o fluxo eliminado. Adicionou-se 750 µl de solução de lavagem e centrifugou-se a 1000 rpm durante 1 minuto. O passo de lavagem foi repetido e centrifugado a 1000 rpm durante 1 minuto para remover qualquer tampão de lavagem residual. A coluna foi colocada num tubo de microcentrífuga limpo de 1,5 ml. Adicionou-se 30 µl de tampão de eluição ao centro da coluna, incubou-se à temperatura ambiente durante 2 minutos e centrifugou-se a 10000 rpm durante 2 minutos para eluir o ADN. O ADN purificado foi armazenado a -20° C até ser utilizado na sequenciação de genes e na expressão de clonagem de genes.

4.2.4.4. Análise da sequência do gene da toxina alfa-hemolisina isolado de *S. aureus*

O produto de PCR específico da toxina alfa hemolisina do isolado bacteriano (n.º 5) foi sequenciado utilizando a sequência automatizada de ADN da Macrogene (Macrogene com, Coreia). A análise do ADN obtido foi efectuada com recurso a ferramentas comparativas, tais como Blast DNA (http:www.ncbi.nlm.nih.gov) e sequence match (http:www.rdp.cme.msu.edu). A árvore filogenética foi construída utilizando o programa seaview. A identidade da estirpe foi determinada utilizando o programa de sequenciação water emboss **(Rajendhran&Gunasekaran, 2010)**.

4.2.4.5. Clonagem

4.2.4.5.1. Preparação de células competentes de *E. coli* DH5α

O pó de células competentes de *E. coli* DH5α foi dissolvido em 30-50 µl de meio de caldo LB (10 g de triptona, 5 g de extrato de levedura, 5 g de NaCl por litro), subcultivado em petridish de L.B e incubado a 37°C durante 24 horas, cultivado em 200 ml de meio de caldo L.B e incubado a 37 °C durante 2-3 horas com agitação. A cultura foi colocada em gelo durante 20 minutos e centrifugada a 4000 rpm durante 15 minutos. O sedimento foi dissolvido em tampão TSS (os sedimentos de 200 ml de cultura LB foram dissolvidos em 4 ml de tampão TSS). 200 ml por eppendrof e armazenado a -80 °C até ser utilizado) **(Inoue *et al.*, 1990).**

4.2.4.5.2. Produtores de clonagem

A clonagem consistiu em quatro fases (reação de restrição, reação de ligação, transformação, deteção do gene de expressão). A PCR purificada da estirpe n.º 5 foi submetida à clonagem de expressão devido à maior expressão da toxina alfa-hemolisina.

4.2.4.5.2.1. Reação de restrição

A PCR purificada da estirpe n.º 5 e o vetor de expressão (pH6HTN His6HaloTagT7) **(Promega, EUA)** (conforme Fig. 4) foram tratados com a mesma enzima de restrição adequada (*Eco*RI) **(Promega, EUA)**. A enzima de restrição foi escolhida utilizando as sequências da PCR purificada da estirpe n.º 5 no sítio online (www.restrictionmapping.com). A reação da enzima de restrição foi feita em 20 µl contendo: 1 µl de enzima de restrição, 2µl de tampão, 10µl de plasmídeo ou PCR purificado, 7µl de H2O. Os tubos foram misturados e transferidos para o aparelho de PCR e o programa foi introduzido da seguinte forma: A reação foi incubada a 37° C durante 5-15 minutos, seguida de um passo de inativação a 65 oC durante 20 minutos.

4.2.4.5.2.2. Reação de ligação

A PCR purificada restrita foi ligada ao vetor restrito utilizando a enzima T4 DNA ligase de acordo com as instruções do fabricante **(Promega, EUA)**. A reação foi realizada em 10 µl de mistura de reação contendo: 2 µl de tampão 2X, 3µl de gene purificado, 1 µl de vetor, 1 µl de enzima ligase, 3 µl de H2O. A condição da reação de ligação foi incubada a 4°C durante a noite.

4.2.4.5.2.3. Transformação por choque térmico

O choque térmico foi efectuado adicionando 2-5 µl de reação de ligação a 50-75 µl de células competentes, misturadas sem pepitar. A mistura foi incubada em gelo durante 20 minutos, comprada em banho-maria a 42º C durante 50 segundos ou 1 minuto, transferida para gelo durante 5 minutos, adicionados 900-950 µl de LB borth e 100µl de glucose esterilizada (50mM). A cultura foi incubada num agitador a 250 rpm durante 1 hora:50 minutos. A cultura foi inoculada em petridish de meio sólido L. B. contendo Ampicilina / IPTG / X-gal e incubada a 37oC por 24 horas. As colônias foram selecionadas e escolhidas as colônias brancas (**Reddy** *et al.*, **2014 & Pulicherla** *et al.*, **2013**).

4.2.4.5.3. Deteção de clonagem de genes através de PCR.

4.2.4.5.3.1. Isolamento de ADN de plasmídeo

A colónia branca foi inoculada em 5 ml de meio de Luria Bertani suplementado com ampicilina (50 mg / ml) e incubada a 37oC durante 24 horas com agitação. As células bacterianas foram colhidas por centrifugação a 12000 rpm durante 10 minutos. O plasmídeo foi extraído usando o kit de extração de plasmídeo (**Biobasic Inc, fabricado no Canadá**) como: as células foram dissolvidas em 200µl de solução I e bem misturadas e mantidas por 1 minuto. Em seguida, foram adicionados 200 µl e misturados suavemente invertendo o tubo 4-6 vezes e depois mantidos à temperatura ambiente. A mistura foi suavemente misturada com 350 µl invertendo o tubo e mantida à temperatura ambiente. A suspensão foi centrifugada a 12000 rpm durante 4 minutos. O sobrenadante foi transferido para a coluna de centrifugação e centrifugado a 10000 rpm durante 2 minutos e o fluxo foi removido. A coluna foi lavada com a solução de lavagem duas vezes. A coluna vazia foi centrifugada a 10000 rpm durante 2 minutos para remover qualquer solução de lavagem residual. A coluna de centrifugação foi colocada num novo tubo de microcentrífuga e o ADN do plasmídeo foi eluído adicionando 30 µl de tampão de eluição e o plasmídeo armazenado a -20º C até ser utilizado.

4.2.4.5.3.2. PCR para o plasmídeo para confirmar a recombinação

A PCR e a eletroforese em gel foram realizadas conforme descrito em 4.2.4.2.4.

4.2.4.5.4. Extração e purificação da toxina alfa hemolisina recombinante.

4.2.4.5.4.1. Preparação da amostra de proteínas

As colónias brancas foram cultivadas em 200 ml de meio de caldo L.B. e incubadas a 37 oC durante 24 horas, com agitação. A cultura foi centrifugada a 10000 rpm durante 30 minutos numa centrífuga de arrefecimento. Os pellets colhidos foram suspensos com 25 ml de tampão de permissão de gel e sonicados no gelo por 5 minutos, e depois centrifugados a 10000 rpm por 20 minutos, os sobrenadantes foram coletados em um novo tubo fluken esterilizado e transferidos para a coluna Sphadex para purificação de proteínas (**El-Gayar, 2015**).

4.2.4.5.4.2. Purificação da toxina hemolisina alfa utilizando a coluna Sephadex

O pó de Sephadex (1 g) foi dissolvido em 25 ml de tampão de gelificação a 95 oC durante 2 horas em banho-maria. A suspensão foi vertida no bordo da coluna. A coluna foi lavada com tampão de gel durante 3-4 vezes e deixou-se algum tampão na coluna, cobrindo-se a coluna com paraflim e deixando-a durante a noite. A coluna foi lavada com tampão 1-3 vezes. A extração de proteínas brutas foi adicionada à coluna. A proteína fraccionada foi recolhida 1 ml por 1 minuto.

4.2.4.5.4.3. Seleção da atividade da toxina hemolisina alfa

A concentração de proteína em cada amostra fraccionada foi detectada utilizando o método de Bradford da seguinte forma: 10 µl de proteína purificada+ 190 µl de solução de Bradford e incubado a 37° C. Este teste foi efectuado num microtítulo de 96 poços. Este método depende do grau de coloração azul (**Bordford, 1975**).

4.2.5.4.4. Deteção de hemolisina alfa através da utilização de gel de proteínas.

A electroferese em gel de proteínas foi utilizada para a deteção de proteínas purificadas, tal como descrito no ponto 4.6.1 (**Harlow & Lane, 1988**).

4.2.5.4.5. Secagem da proteína por liofilização

A fração de proteína selecionada foi liofilizada a -52OC durante 2-3 dias, utilizando um liofilizador

4.2.5.4.6. Aplicação da alfa-hemolisina em diferentes tipos de tecidos cancerosos
4.2.5.1. Propagação de linhas celulares:

As células foram propagadas em meio de Eagle modificado de Dulbecco (DMEM) suplementado com 10% de soro fetal bovino inactivado pelo calor, 1% de L-glutamina, tampão HEPES e 50µg/ml de gentamicina. Todas as células foram mantidas a 37°C numa atmosfera humidificada com 5% de CO_2 e foram subcultivadas duas vezes por semana (**Mosmann, 1983**).

4.2.5.2. Avaliação da citotoxicidade da toxina alfa-hemolisina através do ensaio de viabilidade:

Para o ensaio de citotoxicidade, as células foram semeadas numa placa de 96 poços a uma concentração celular de 1×10^4 células por poço em 100µl de meio de crescimento. Após 24 horas de sementeira, foi adicionado um meio novo contendo diferentes concentrações da amostra de ensaio. Foram adicionadas diluições seriadas de duas vezes do composto químico testado a monocamadas de células confluentes distribuídas em placas de microtitulação de 96 poços e fundo plano (Falcon, NJ, EUA) utilizando uma pipeta multicanal. As placas de microtitulação foram incubadas a 37°C numa incubadora humidificada com 5% de CO_2 durante um período de 48 h. Foram utilizados três poços para cada concentração da α-toxina. As células de controlo foram incubadas sem a toxina de hemolisina alfa de teste e com ou sem DMSO. Verificou-se que a pequena percentagem de DMSO presente nos poços (máximo de 0,1%) não afectou a experiência. Após a incubação das células a 37°C, foram adicionadas várias concentrações de α-toxina e a incubação foi continuada durante 24 h e a produção de células viáveis foi determinada por um método colorimétrico. Em resumo, após o fim do período de incubação, os meios foram aspirados e a solução de violeta de cristal (1%) foi adicionada a cada poço durante, pelo menos, 30 minutos. A coloração foi removida e as placas foram lavadas com água da torneira até que todo o excesso de coloração fosse removido. Em seguida, adicionou-se ácido acético glacial (30%) a todos os alvéolos, misturou-se bem e mediu-se a absorvância das placas após agitação suave num leitor de microplacas (TECAN, Inc.), utilizando um comprimento de onda de teste de 490 nm. Todos os resultados foram corrigidos para a absorvância de fundo detectada nos poços sem corante adicionado. As amostras tratadas foram comparadas com o controlo celular na ausência dos compostos testados. Todas as experiências foram efectuadas em triplicado. O efeito citotóxico celular de cada composto testado foi calculado. A densidade ótica foi medida com um leitor de microplacas (SunRise, TECAN, Inc, EUA) para determinar o número de células viáveis e a percentagem de viabilidade foi calculada como $[1-(ODt/ODc)] \times 100\%$, em que ODt é a densidade ótica média dos poços tratados com a toxina α testada e ODc é a densidade ótica média das células não tratadas. A relação entre as células sobreviventes e a concentração da toxina alfa-hemolisina é representada num gráfico para obter a curva de sobrevivência de cada linha de células tumorais após o tratamento com o composto especificado. A concentração inibitória a 50% (IC50), a concentração necessária para causar efeitos tóxicos em 50% das células intactas, foi estimada a partir de gráficos da curva de resposta à dose para cada concentração, utilizando o software Graphpad Prism (**San Diego, CA. EUA**) (**Masomann, 1983 & Gomha *et al.*, 2015**).

5. Resultados

5.1. Recolha e isolamento de isolados bacterianos.

Este estudo foi realizado durante 6 meses, de março de 2015 a setembro de 2015. Durante este período, foi isolado um total de 108 bactérias, entre as quais 30 isolados foram identificados como pertencentes a *Staphylococcus aureus*, como se mostra na **Tabela (1 e 2)** e ilustrado na **Figura 5**. Estas bactérias foram isoladas de diferentes amostras clínicas (sangue, urina e pus) que foram recolhidas de pacientes que frequentam o Hospital Universitário de Mansoura (CMUHS).

Tabela (1): Levantamento dos Isolados de *Staphylococcus aureus* de acordo com o número de paciente, idade, tipo de amostra, diagenose.

Não.	Idade	Tipo de amostra	diagenose	Isolados de *S. aureus*
1	7 anos e 8 meses	Sangue	Cenjuntivo	1
2	3 anos e 4 meses	Sangue	Feringite aguda	2
3	8 meses e 1 dia	Sangue	Pneumonias inespecíficas	3
4	13 anos		Embolia crónica	4
5	3 meses	Sangue	Desmielinização disseminada aguda	5
6	3 anos e 7 meses	Sangue	Febre de origem diferente e desconhecida	6
7	1 ano e 1 mês e 26 dias	Urina	Doença de Gurchera	7
8	7 anos, 4 meses e 7 dias	Sangue	Diagnóstico provisório	8
9	1 ano e 1 mês e 1 dia	Sangue	Doença cardíaca congénita	9
10	10 anos e 12 dias	Sangue	Um farnel bonito	10
11	6 anos	Sangue	Doença do aparelho digestivo	11
12	6 anos	Pus	Doenças do sistema respiratório	12
13	4 meses e 11 dias	Sangue	Doenças do sistema nervoso	13
14	3 meses e 11 dias	Sangue	conjuctivite (olho bilateral)	14
15	9 meses e 2 dias	Sangue	Doenças do aparelho digestivo	15

16	2 anos, 1 mês e 27 dias	Sangue	Síndromes mielodisplásicas	16
17	7 meses e 13 dias	Sangue	Doenças do aparelho respiratório	17
18	1 ano e 10 meses 2 dias	Sangue	Cardiopatias congénitas	18
19	1 ano e 7 meses	Sangue	immenodeficiência	19
20	7 anos e 1 mês	Sangue	Diabetes melittus	20
21	14 anos e 1 mês 17 dias	Sangue	Amrthris inespecífico	21
22	8 anos e 7 meses e 17 dias	Sangue	Defeito do septo atrial	22
23	1 mês e 20 dias	sangue	Doenças do aparelho digestivo	23
24	1 mês e 20 dias	biológica	Neuratel saudade	24
25	2 meses e 10 dias	sangue	Doença do sistema nervoso	25
26	2 meses	sangue	conjuntivite	26
27	3 meses	sangue	Um farnel bonito	27
28	4 meses	sangue	conj untivi s	28
29	3 meses	sangue	Faringite aguda	29
30	3 meses	sangue	Doença do aparelho digestivo	30

Tabela (2): Frequência de *S. aureus* isolados de diferentes amostras clínicas.

Tipos de amostras	Número total de isolados	Isolados positivos *de S. aureus*		Outros agentes patogénicos	
		Número	Percentagem(%)	Número	Percentagem(%)
Sangue	106	28	26.4	78	73.6
Urina	2	1	50	1	50
Pus	2	1	50	1	50
Total	108	30	27.78	78	72.22

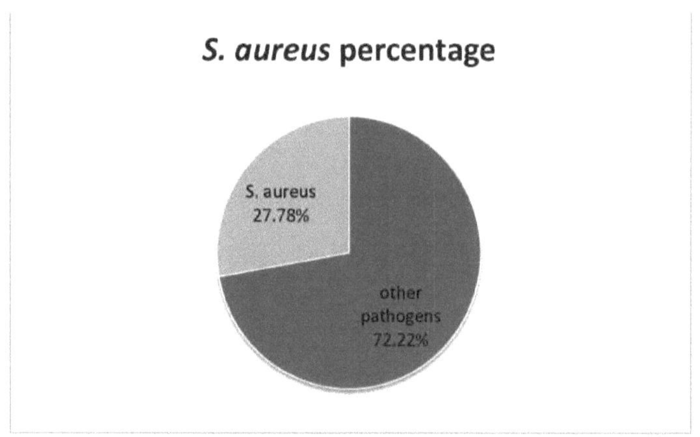

Figura (5): A percentagem de *S. aureus* foi de 27,78% do total de amostras de bactérias patogénicas.

Os isolados de *S. aureus* foram identificados utilizando a morfologia das colónias, a coloração de Gram, a reação bioquímica e ferramentas moleculares.

5. 2. Morfologia das colónias

O S. aureus apareceu como colónias amarelas ou cremosas em meio de ágar-sangue, como se mostra na **Tabela (3)** e ilustrado na **Figura (6).** As colónias eram circulares, lisas, convexas e tinham a capacidade de coagular o plasma. O exame microscópico mostrou que todas as células eram cocos Gram - positivos (violeta). Os dados apresentados na **Tabela (3),** e no que diz respeito à identificação manual dos isolados de *S. aureus* ocorridos no meio de ágar sangue, mostraram que todos os isolados de *S. aureus* deram colónias de cor cremosa, exceto os isolados n. 1,2,5,19, como se pode ver na **Fig. (6).** Todos os isolados de *S. aureus* apresentaram resultados positivos para a coagulase, como se mostra na **Fig. (7).** 10 isolados de *S. aureus* produziram alfa-hemolisina no meio de ágar sangue, enquanto as outras estirpes não produziram a toxina alfa-hemolisina (sem alteração da cor do sangue), como se mostra na **Fig. (9).**

Tabela (3): Identificação de *S. aureus* de acordo com a cor das colónias, o teste da coagulase em coloração de Grampo, o teste da catalase e a α-toxina.

N.º de isolados	Cor das colónias		Gramstain	Teste da coagulase	Catalase teste	toxina α
	Cremoso	Amarelo				

1		+	+	+	+	+
2		+	+	+	+	+
3	+		+	+	+	+
4	+		+	+	+	-
5		+	+	+	+	+
6	+		+	+	+	+
7	+		+	+	+	-
8	+		+	+	+	-
9	+		+	+	+	-
10	+		+	+	+	-
11	+		+	+	+	+
12	+		+	+	+	-
13	+		+	+	+	-
14	+		+	+	+	-
15	+		+	+	+	-
16	+		+	+	+	-
17	+		+	+	+	-
18	+		+	+	+	-
19		+	+	+	+	+
20	+		+	+	+	-
21	+		+	+	+	+
22	+		+	+	+	-
23	+		+	+	+	-
24	+		+	+	+	+
25	+		+	+	+	+
26	+		+	+	+	-
27	+		+	+	+	-
28	+		+	+	+	-
29	+		+	+	+	-
30	+		+	+	+	-

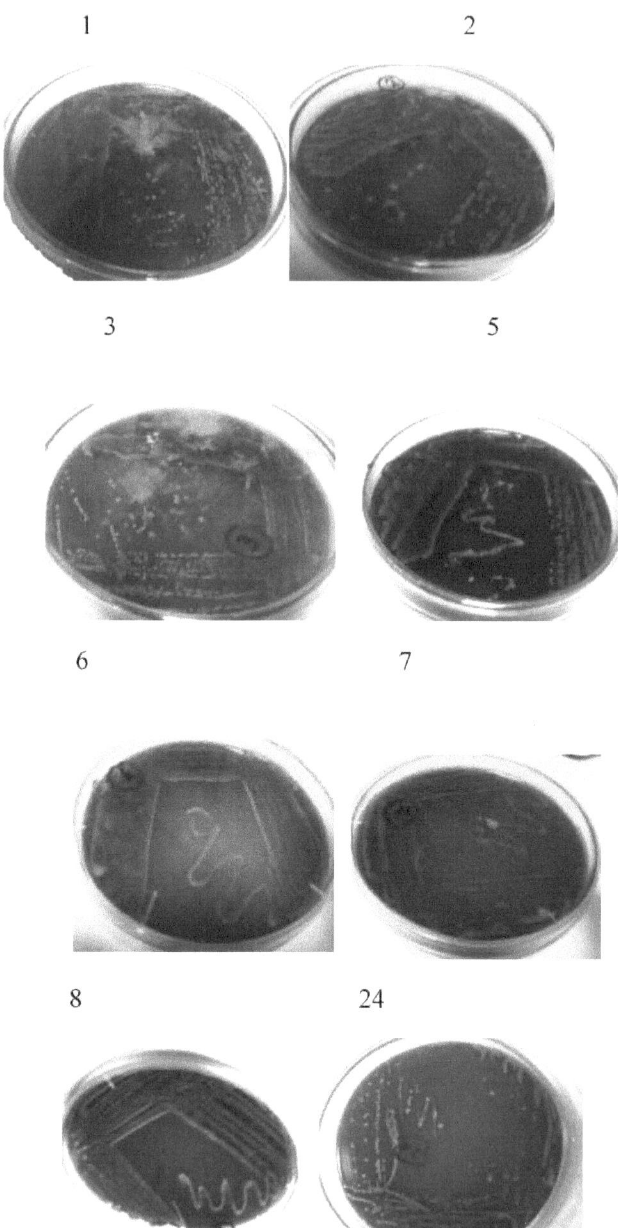

Figura (6): Colónias de *S. aureus* em ágar sangue. As estirpes n.º 1, 2 e 5 produziram colónias amarelas, enquanto as estirpes n.º 3, 6, 7, 8 e 24 produziram colónias cremosas.

5. 3. Condições de crescimento e identificação bioquímica manual

O Staphylococcus aureus é um aeróbio facultativo e o seu crescimento ótimo é a 37°C. O teste da coagulase é utilizado para determinar a capacidade das bactérias de coagularem a fibrina do plasma através da enzima coagulase. A coagulase liga-se à protrombina do plasma e pode formar estafilotrombina. A formação do complexo estafilotrombina activou a atividade protease da trombina, o que resultou na conversão do fibrinogénio em fibrina. *Os S. aureus* eram coagulase positivos, como indicado na **Fig. (7).**

A   B

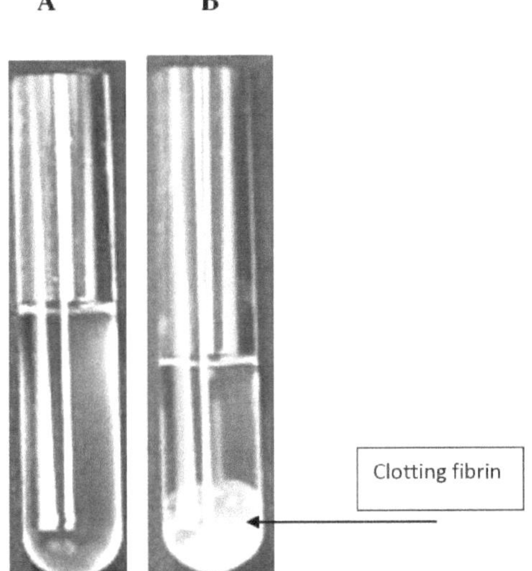

Figura (7): Teste da coagulase. A: tubo não inoculado mostrando o plasma, B: *S. aureus* produziu a enzima coagulase que converteu o fibrinogénio (solúvel) no plasma em fibrina (insolúvel).

5.4. Distribuição da infeção por *Staphylococcus aureus* de acordo com o sexo e a idade do doente.

A distribuição da infeção por *S. aureus* de acordo com o sexo e a idade do doente é apresentada na **Tabela (4), Tabela (5) e Tabela (6) e ilustrada na Figura (8)**. A **Tabela (5)** mostra que a percentagem de infecções do sexo masculino (60 %) foi superior à percentagem de infecções do sexo feminino (40 %) com *S. aureus*. **A Tabela (6)** mostra que a percentagem de idade (0-7 anos) dos homens infectados foi de

94,44%, enquanto a percentagem de idade (8-14 anos) dos homens infectados foi de 5,56%. A percentagem de idade (0-7) das mulheres infectadas era de 50%, enquanto a percentagem de idade (8-14) das mulheres infectadas era de 50%. A percentagem de idade (0-7 anos) do total de infecções por *S. aureus* era de 76,67%, enquanto a percentagem de idade (8-14 anos) do total de infecções por *S. aureus* era de 23,33%.

Tabela (4): Relação dos tipos de amostras de *S. aureus*, sexo e idade.

N.º de *S. aureus*	Tipos de amostras	Sexo	Idade
1	Sangue	Feminino	7 anos e 8 meses
2	Sangue	Masculino	3 anos e 4 meses
3	Sangue	Masculino	8 meses e 1 dia
4		Feminino	13 anos
5	Sangue	Masculino	3 meses
6	Sangue	Masculino	3 anos e 7 meses
7	Urina	Masculino	1 ano e 1 mês e 26 dias
8	Sangue	Feminino	7 anos, 4 meses e 7 dias
9	Sangue	Feminino	1 ano e 1 mês e 1 dia
10	Sangue	Feminino	10 anos e 12 dias
11	Sangue	Masculino	6 anos
12	Pus	Masculino	6 anos
13	Sangue	Masculino	4 meses e 11 dias
14	Sangue	Masculino	3 meses e 11 dias
15	Sangue	Masculino	9 meses e 2 dias
16	Sangue	Feminino	2 anos, 1 mês e 27 dias
17	Sangue	Masculino	7 meses e 13 dias
18	Sangue	Feminino	1 ano e 10 meses 2 dias
19	Sangue	Feminino	1 ano e 7 meses
20	Sangue	Masculino	7 anos e 1 mês
21	Sangue	Feminino	14 anos e 1 mês 17 dias
22	Sangue	Feminino	8 anos e 7 meses e 17 dias
23	sangue	Masculino	1 mês e 20 dias
24	biológica	Masculino	1 mês e 20 dias
25	sangue	Masculino	2 meses e 10 dias

26	sangue	Masculino	2 meses
27	sangue	Masculino	3 meses
28	sangue	Feminino	4 meses
29	sangue	Feminino	3 meses
30	sangue	Masculino	3 meses

Tabela (5): Frequência de machos e fêmeas de diferentes amostras clínicas de *S. aureus*.

Tipos de amostras	Número total de isolados	Masculino		Feminino	
		Número	Percentagem(%)	Número	Percentagem(%)
Sangue	28	16	57.1	12	42.9
Urina	1	1	100	0	0
Pus	1	1	100	0	0
Total	30	18	60	12	40

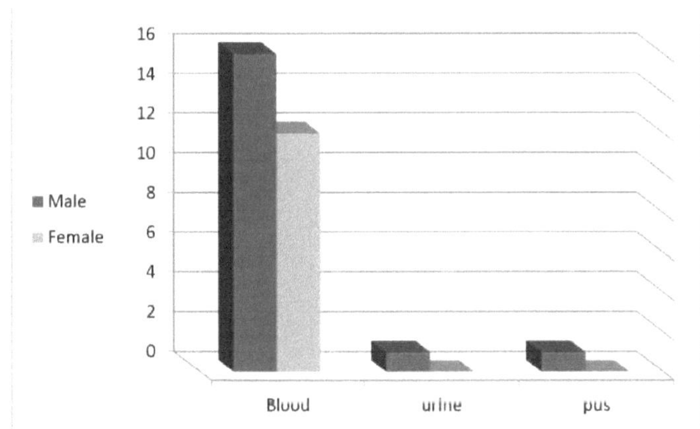

Figura (8): *S. aureus* em mulheres a partir de sangue (12), urina (0), pus (0), enquanto homens a partir de sangue (16), urina (1), pus (1).

Tabela (6): Frequência de indivíduos do sexo masculino e feminino e relação com a idade dos doentes infectados com *S. aureus*.

Idade (anos)	Masculino		Feminino		Total	
	Não.	%	Não.	%	Não.	%
0-7	17	94.44	6	50	23	76.67
8-14	1	5.56	6	50	7	23.33

5.4. Rastreio de isolados de *S. aureus* para a produção de hemolisina alfa

A produção de toxina de hemolisina alfa pode ser testada por meios de identificação manual, uma vez que *S. aureus* foi cultivado em meio de ágar-sangue, como se mostra na **Tabela (7 & 8)** e na **Fig. (9 & 10). Na Tabela (7),** a estirpe número (1, 2, 3, 5, 6, 11, 19, 21, 24, 25) das amostras de sangue produziu toxina alfa-hemolisina, enquanto as outras estirpes deram resultados negativos (sem alteração da cor do meio de ágar-sangue). **A Tabela (8) e a Fig. (10)** revelaram que os 10 isolados do sangue produziram a toxina alfa-hemolisina. Os outros isolados não o fizeram.

Tabela (7): A toxina α-hemolisina foi utilizada para a identificação manual de *S. aureus* de acordo com os tipos de amostra.

N.º de S. aureus	Tipo de amostra	α - toxina hemolisina
1	Sangue	+
2	Sangue	+
3	Sangue	+
4	Sangue	-
5	Sangue	+
6	Sangue	+
7	Urina	-
8	Sangue	-
9	Sangue	-
10	Sangue	-
11	Sangue	+
12	Pus	-
13	Sangue	-
14	Sangue	-
15	Sangue	-
16	Sangue	-
17	Sangue	-
18	Sangue	-
19	Sangue	+
20	Sangue	-

21	Sangue	+
22	Sangue	-
23	sangue	-
24	biológica	+
25	sangue	+
26	sangue	-
27	sangue	-
28	sangue	-
29	sangue	-
30	sangue	-

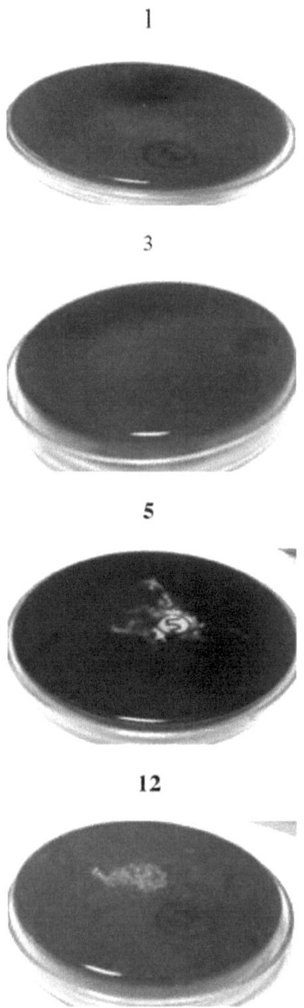

Figura (9): Os isolados de *S. aureus* (1,3,5) produziram a toxina alfa-hemolisina em meio de ágar sangue, que apresentou uma cor acastanhada. O isolado de *S. aureus* (12) não produziu a toxina alfa-hemolisina, que não apresentou alteração na cor do meio de sangue.

Tabela (8): Frequência da atividade da toxina alfa-hemolisina em diferentes amostras clínicas de *S. aureus*.

Tipos de amostras	Número total de isolados	Isolados positivos para a toxina hemolisina alfa de *S. aureus*		Isolados negativos para a toxina hemolisina alfa de *S. aureus*	
		Número	Percentagem(%)	Número	Percentagem(%)
Sangue	28	10	35.71	18	64.29
Urina	1	0	0	1	100
Pus	1	0	0	1	100
Total	30	10	33.33	20	66.66

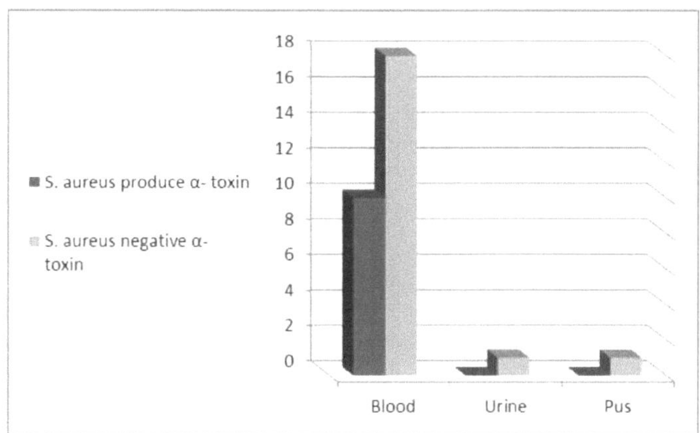

Figura (10): *S. aureus* produzem α-toxina apresentada de acordo com o tipo de amostras

A estirpe de amostras de sangue (10) produziu α-toxina.

5. 6. Análise molecular de isolados de *S. aureus*

6. 6. 1.1. Análise das proteínas celulares totais.

Os resultados são apresentados no **Quadro (9 & 10) e na Fig. (11), painéis A, B e C.**

O Quadro (9) mostrou que a análise de proteínas (gel 11-A, 11-B e 11-C) revelou que todos os 10 isolados de *S. aureus* têm um padrão de bandas de proteínas quase exato. 10 das 30 estirpes produzem o mesmo padrão proteico exato e as outras estirpes partilham 92% da sua proteína total com elas. Apenas uma banda proteica com peso molecular de 34 KDa está em falta em 20 estirpes. Por conseguinte, os isolados testados podem ser agrupados em dois grupos (grupo I e grupo II), como se mostra na **Tabela (10).**

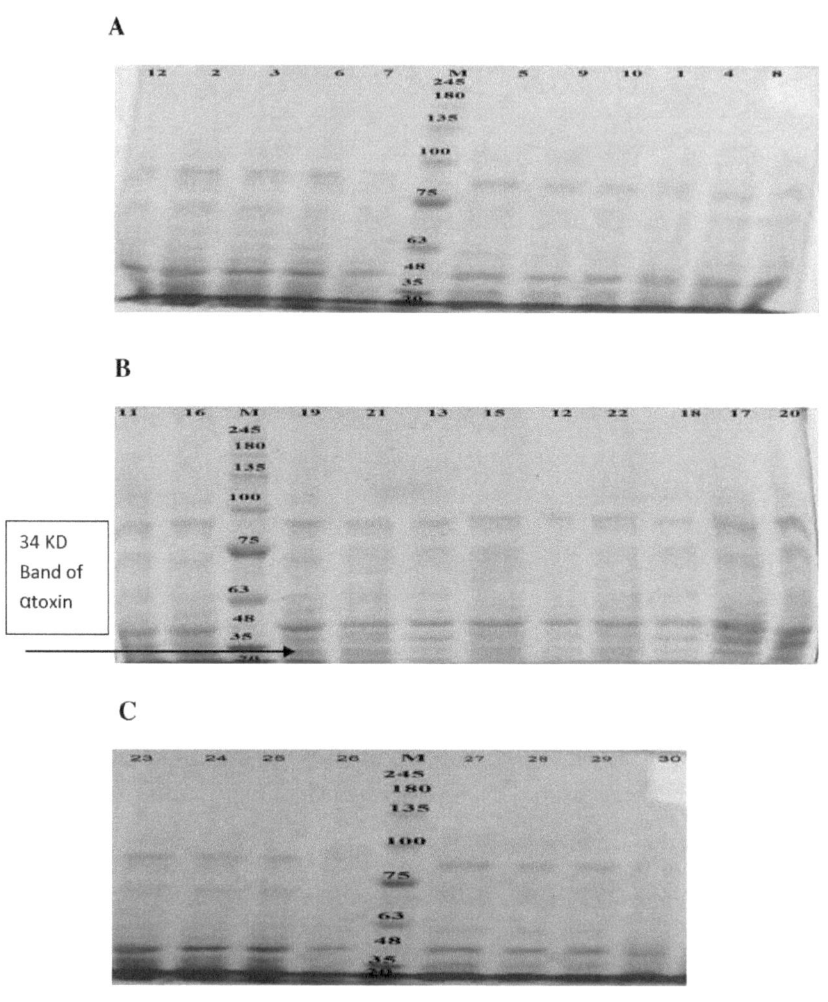

Figura (11): A: Análise de SDS-PAGE da proteína total dos isolados de *S. aureus*: 12,2,3,6,7,M,5,9,10,1,4,8. Análise SDS-PAGE da proteína total dos isolados de *S. aureus*: 11,16,M,19,21,13,15,12,22,18,17,20. Análise SDS-PAGE da proteína total dos isolados de *S. aureus*: 23,24,25,26,M,27,28,29,30. M: Proteína marcadora (245,180,135,100,75,63,48,35,25,20).

5. 6. 1. 2. Curva padrão da análise SDS-PAGE da proteína total de isolados de *S. aureus*.

O peso molecular foi estimado utilizando uma curva padrão que foi gerada traçando a relação entre a distância de deslocação das bandas de proteínas marcadoras e o logaritmo do peso molecular como a **Figura (12, 13, 14)**.

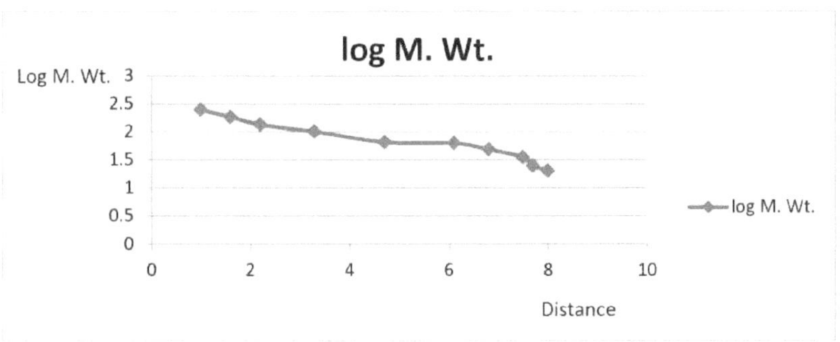

Figura (12): Curva normalizada do gel de proteínas (11-A). Relação entre a distância de deslocação da banda da proteína marcadora e o seu log M. WT. das bandas da proteína marcadora.

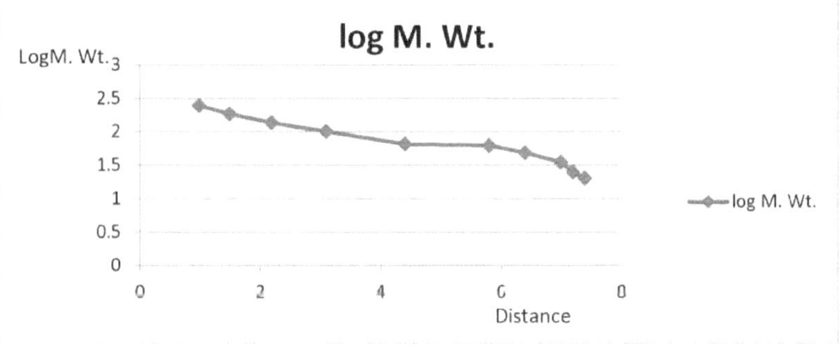

Figura (13): Curva normalizada do gel de proteínas (11-B). Relação entre a distância de deslocação da banda da proteína marcadora e o seu log M. WT. das bandas da proteína marcadora.

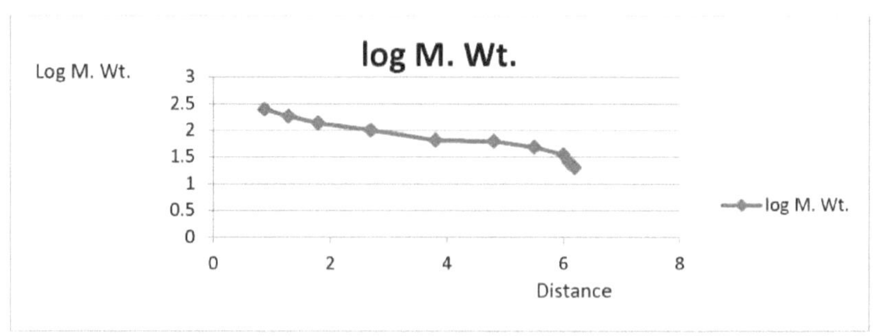

Figura (14): Curva em cadeia do gel de proteínas (11-C). Relação entre a distância de deslocação da banda da proteína marcadora e o seu log M. WT. da banda da proteína marcadora

Tabela (9): Pesos moleculares das proteínas fraccionadas no gel de proteínas dos isolados

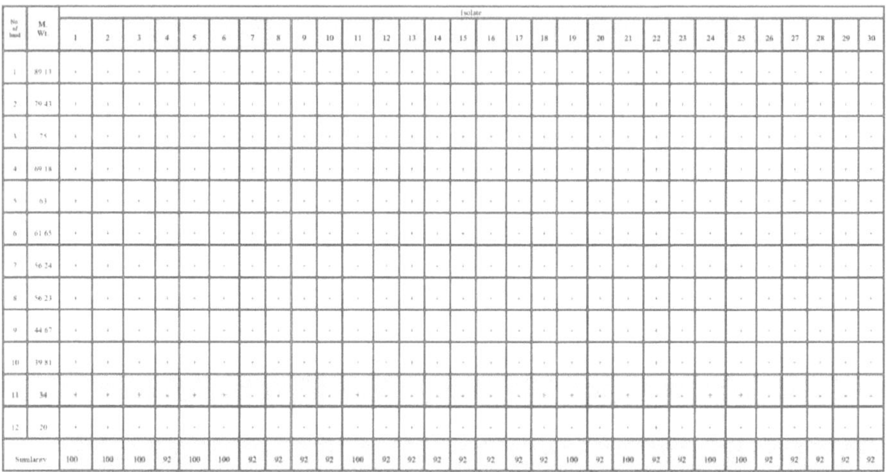

No of band	M. Wt	1	2	3	4	5	6	7	8	9	10	11	12	13	14	15	16	17	18	19	20	21	22	23	24	25	26	27	28	29	30
1	89.13	·	·	·	·	·	·	·	·	·	·	·	·	·	·	·	·	·	·	·	·	·	·	·	·	·	·	·	·	·	·
2	79.43	·	·	·	·	·	·	·	·	·	·	·	·	·	·	·	·	·	·	·	·	·	·	·	·	·	·	·	·	·	·
3	75	·	·	·	·	·	·	·	·	·	·	·	·	·	·	·	·	·	·	·	·	·	·	·	·	·	·	·	·	·	·
4	69.18	·	·	·	·	·	·	·	·	·	·	·	·	·	·	·	·	·	·	·	·	·	·	·	·	·	·	·	·	·	·
5	63	·	·	·	·	·	·	·	·	·	·	·	·	·	·	·	·	·	·	·	·	·	·	·	·	·	·	·	·	·	·
6	61.65	·	·	·	·	·	·	·	·	·	·	·	·	·	·	·	·	·	·	·	·	·	·	·	·	·	·	·	·	·	·
7	56.24	·	·	·	·	·	·	·	·	·	·	·	·	·	·	·	·	·	·	·	·	·	·	·	·	·	·	·	·	·	·
8	56.23	·	·	·	·	·	·	·	·	·	·	·	·	·	·	·	·	·	·	·	·	·	·	·	·	·	·	·	·	·	·
9	44.67	·	·	·	·	·	·	·	·	·	·	·	·	·	·	·	·	·	·	·	·	·	·	·	·	·	·	·	·	·	·
10	39.81	·	·	·	·	·	·	·	·	·	·	·	·	·	·	·	·	·	·	·	·	·	·	·	·	·	·	·	·	·	·
11	34	·	·	·	·	·	·	·	·	·	·	·	·	·	·	·	·	·	·	·	·	·	·	·	·	·	·	·	·	·	·
12	20	·	·	·	·	·	·	·	·	·	·	·	·	·	·	·	·	·	·	·	·	·	·	·	·	·	·	·	·	·	·
Similarity		100	100	100	92	100	100	92	92	92	92	100	92	92	92	92	92	92	92	100	92	100	92	92	100	100	92	92	92	92	92

Tabela (10): Agrupamento de *S. aureus* de acordo com os padrões de bandas de proteínas.

S. aureus	
Grupo I 100% Similaridade	Grupo II 92%Similaridade
1, 2,3,5,6,11,19,21,24,25	4,7,8,9,10,12,13,14,16,15,17,18,20,22,23,26,27,28,29,30

5.   6. 2. Análise do gene da toxina alfa-hemolisina por PCR em tempo real

A extração de ARN dos isolados selecionados de *S. aureus* (1,2,3,5,6,11,19,21,24,25)

e 13 (como controlo) foi efectuada utilizando o kit de extração de ARN. O ADNc de 11 estirpes de *S. aureus* foi utilizado tanto na PCR **(quadros 11 e 12 e figura 15)** como na Q-RT-PCR **(quadro 13 e figura 16)**.

5.1.1.1. Análise da toxina hemolisina alfa

Os dados apresentados nos **Quadros 11 e 12 e** na **Fig. 15** revelam que a amplicona com tamanho molecular de 680 pb foi observada em 10 isolados selecionados (grupo I) e não foi detectada qualquer amplicona na amostra de controlo (13, grupo II).

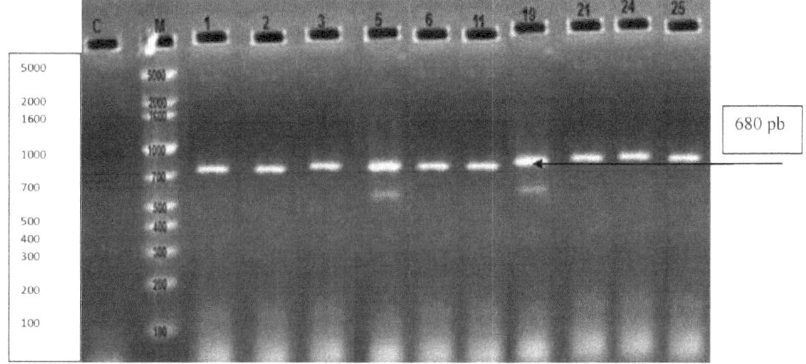

Figura (15): Produtos de PCR do gene *hia* isolados de diferentes isolados de *S. aureus*.

Faixas: C: controlo (estirpe n.º 13) do grupo II

M: marcador de ADN de 1000 pb.

Pistas: 1,2,3,5,6,11,19,21,24,25

Todos os isolados selecionados do grupo I apresentaram o mesmo peso molecular de 680 pb. A estirpe n.º 13 não produziu qualquer produto. Estes dados foram apresentados na **Tabela (11 e 12).**

Tabela (11): Distribuição do gene *hia* nos isolados de *S. aureus* examinados.

Isolado de *S. aurus*	Tipo de amostra	*Hia*	gene
		Positivo	Negativo
13 (como controlo)	Sangue		-
1	Sangue	+	
2	Sangue	+	
3	Sangue	+	

5	Sangue	+	
6	Sangue	+	
11	Sangue	+	
19	Sangue	+	
21	Sangue	+	
24	Sangue	+	
25	Sangue	+	

Tabela (12): Frequência do gene *hia* de acordo com os isolados de *S. aureus* examinados.

Amostra	Número	Gene *Hia*			
		Positivo	Percentagem(%)	Negativo	Percentagem
Sangue	11	10	90.91	1	9.09

5.1.1.2. Análise da toxina alfa-hemolisina por PCR em tempo real quanititiva

O cDNA de 10 isolados bacterianos (*hia* PCR +ve) foi submetido a Q-Real Time PCR para determinar o nível de expressão do gene *hia* entre estes isolados, como se mostra na **Tabela (13)** e na **Fig. (16)**.

Tabela (13): Análise de Q- PCR em tempo real da toxina hemolisina alfa

N.º de amostras	TC	ΔCT(objetivo)	$\Delta\Delta$CT	Rácio da quantidade de expressão de *hia*
C (13)	11.56	2.44	0	1
1	3.75	-5.37	-7.81	224.4
2	3.65	-5.47	-7.91	240.52
3	3.60	-5.52	-7.96	249
5	3.50	-5.62	-8.06	266.87
6	6.56	-2.56	-5	32
11	5.76	-3.36	-5.8	55.71
19	3.56	-5.65	-8	256
21	5.77	-3.35	-5.79	55.33
24	5.90	-3.22	-5.66	50.56

25	8.75	-0.37	-2.81	7.01

CT (Referência)=9,12, ΔCT (Controlo)=2,44

As 10 estirpes de *S. aureus* deram um produto de PCR caraterístico do gene *hia*, mas apenas a estirpe 13 foi negativa (13 utilizada como controlo).

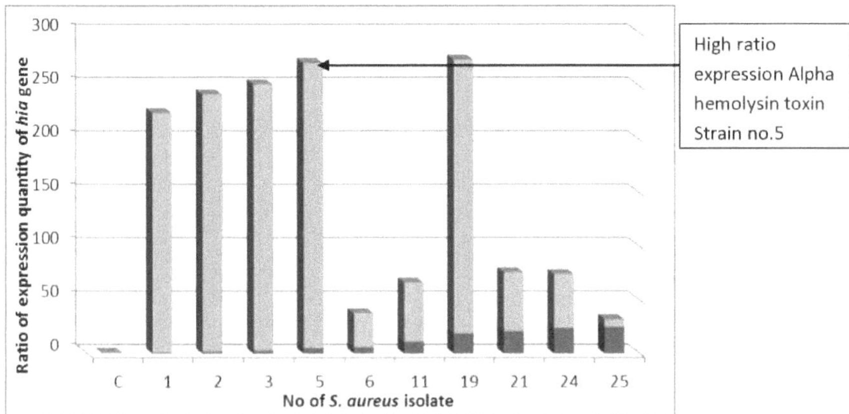

Figura (16): Expressão do gene *hia*. O isolado (5) de *S. aureus* apresentou uma elevada taxa de expressão da toxina alfa-hemolisina.

5.6.3. Sequência do gene *Hia* e análise da sequência

A amplicona PCR isolada da amostra 5 do gene *hia* foi submetida a uma sequência de partículas de ADN, como se mostra na **Fig. (17 & 18)**. A análise da sequência revelou que a sequência de nucleótidos de ADN do gene *hia* da estirpe 5 apresentava uma elevada similitude com o gene *hia* publicado no banco de genes, com uma identidade de 99%, como **mostra a Fig. 19**.

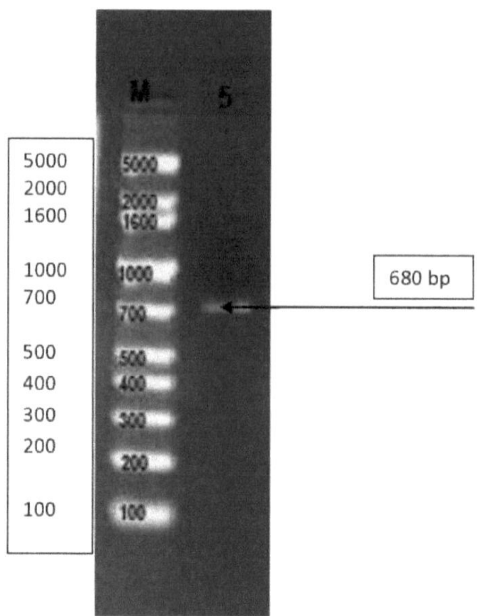

Figura (17): Toxina alfa-hemolisina purificada das estirpes n.º. 5. A PCR amplificada do gene *hia* foi efectuada em gel de agarose a 2% e, em seguida, as bandas foram eluídas pelo kit de eluição em gel. M: marcador de ADN de 1000 pb.

CCTGATGCGAGAGTGCTACAAAGTGGTTTAGCCTGGCCTTCAGCCTTTAAGGTACAGTTGCA
ACTACCTGATAATGAAGTAGCTCAAATATCTGATTACTATCCAAGAAATTCGATTGATACAAAAG
AGTATATGAGTACTTTAACTTATGGATTCAACGGTAATGTTACTGGTGATGATACAGGAAAAAT
TGGCGGCCTTATTGGTGCAAATGTTTCGATTGGTCATACACTGAAATATGTTCAACCTGATTTC
AAAACAATTTTAGAGAGCCCAACTGATAAAAAAGTAGGCTGGAAAGTGATATTTAACAATATG
GTGAATCAAAATTGGGGACCATATGATAGAGATTCTTGGAACCCGGTATATGGCAATCAACTT
TTCATGAAAACTAGAAATGGTTCTATGAAAGCAGCAGATAACTTCCTTGATCCTAACAAAGCA
AGTTCTCTATTATCTTCAGGGTTTTCACCAGACTTCGCTACAGTTATTACTATGGATAGAAAAGC
ATCCAAACAACAAACAAATATAGATGTAATATACGAACGAGTTCGTGATGATTACCAATTGCAT
TGGACTTCAACAAATTGGAAAGGTACCAATACTAAAGATAAATGGACAGATCGTTCTTCAGAA
AGATATAAAATTCGATTGGGA

Figura (18): Sequência parcial de nucleótidos de ADN do gene *hia* isolado de *S. aureus* no. 5.

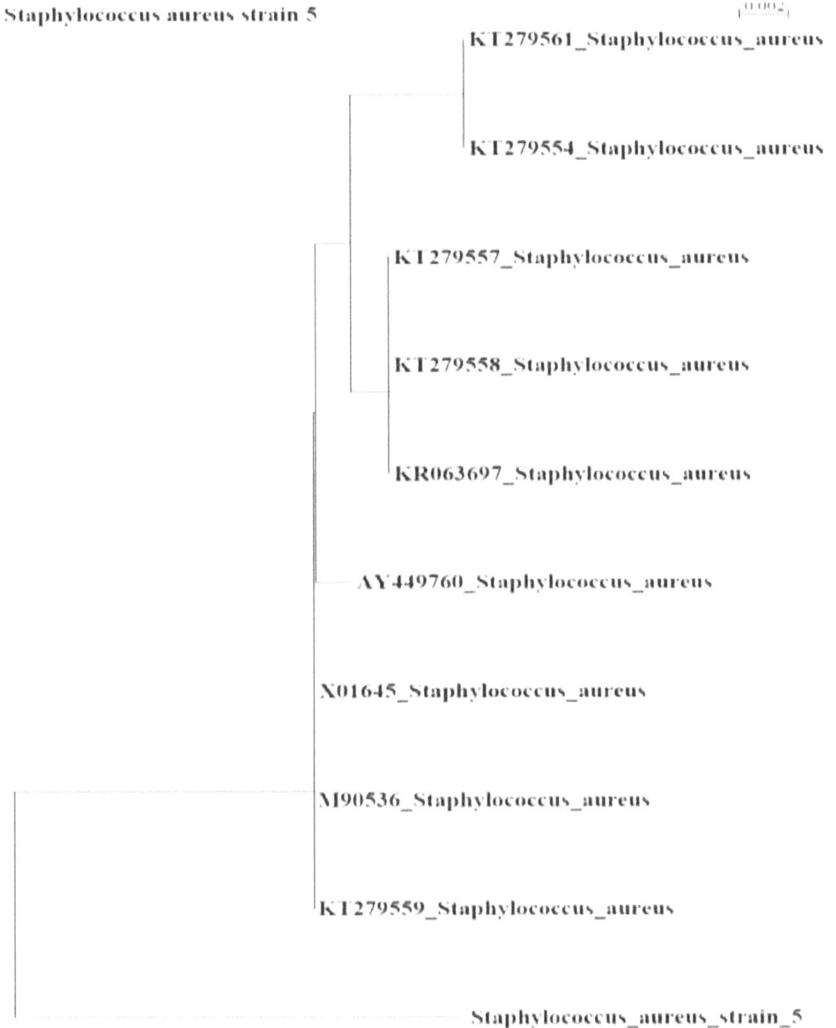

Figuer (19): Árvore filogenética do gene *hia* isolado da estirpe n.º 5 de *S. aureus* a partir da comparação com 9 genes *hia* diferentes de *S. aureus* existentes no banco de genes. A filogenia foi construída com base nas sequências de nucleótidos do gene *hia* utilizando o seaview.

5.6.4. Clonagem do gene da toxina alfa hemolisina no vetor de expressão pH6HTNHisHaloTagT7.

O produto da PCR da α-toxina da estirpe n.º 5 foi separado num gel de agarose a 2 %

e purificado utilizando o kit de extração de gel **(Biobasic Inc, Canadá)**. O produto de PCR purificado e o vetor de expressão foram cortados com a mesma enzima de restrição (*EcoR1*) e depois ligados com a enzima ligase **(Promega, EUA)**. O vetor recombinante foi transformado em *E.coli* DH5α e foram selecionadas colónias brancas **(Fig. 20)**. A preparação do ADN plasmídico das colónias brancas foi efectuada utilizando o kit de isolamento de plasmídeos **(Biobasic Inc, Canadá)**. O plasmídeo purificado foi utilizado no teste PCR para a deteção do gene da α-toxina **(Fig. 21)**. As bactérias recombinantes foram induzidas em meio de caldo L B com IPTG e ampicilina e a produção da toxina alfa-hemolisina foi avaliada.

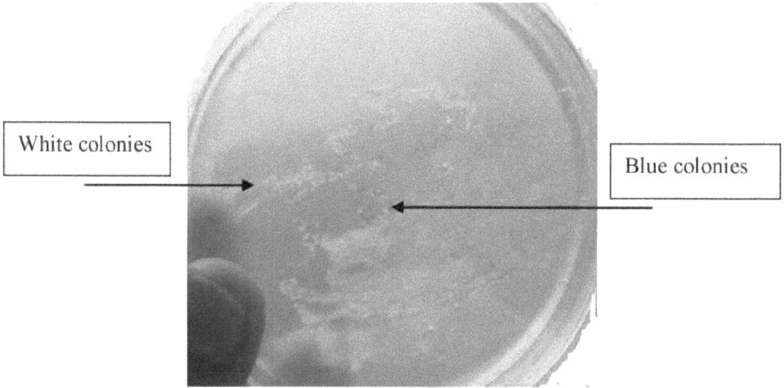

Figura (20): Colónias de *E.coli* recombinante em meio L. B. As colónias brancas confirmam a inserção do gene, enquanto as colónias azuis não abrigam o gene.

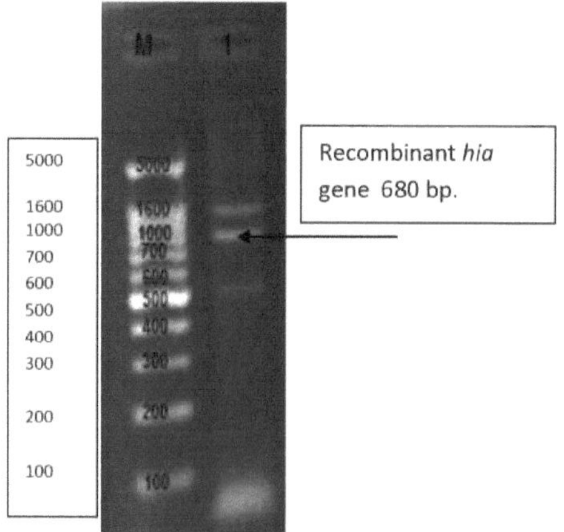

Figura (21): Deteção por PCR do gene da toxina alfa-hemolisina a partir do plasmídeo de ADN recombinante. Linhas: M: marcador de ADN de 1000 pb (100,200,300,400,500,700,1000,1600, 2000,5000).

1   : Produto de PCR do gene da α-hemolsina.

1.6.6. Purificação da proteína da toxina alfa-hemolisina de *E. coli* DH5α recombinante por coluna Sephadex (confirmação da expressão do gene):-

A toxina alfa hemolisina recombinante foi purificada a partir de *E. coli* recombinante utilizando a coluna Sephadex e a α-toxina obtida foi medida utilizando o método de Bradford. Os pellets de *E. coli* recombinante foram dissolvidos em tampão de permeação em gel e sonicados a 55 ciclos durante 5 minutos, sendo depois carregados na coluna Sephadex G-20. O caudal foi de 1 ml/min e foram recolhidas continuamente fracções de 4 ml após se ter atingido o tempo zero. A atividade de todas as fracções obtidas foi analisada e o resultado é apresentado na **Fig. (22).**

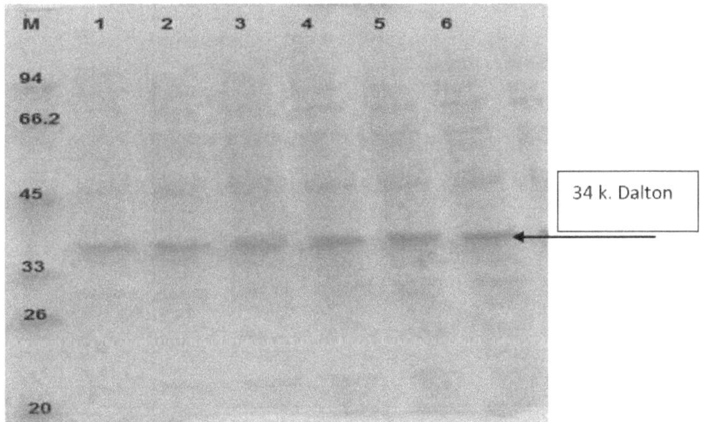

Figura (22): Proteína da toxina alfa hemolisina purificada a partir da *E. coli* recombinante.

Pista: M: Marcador de proteínas de gama média (94,66,2,45,33,26,20).

Faixas: 1-6 diferentes 6 fracções da proteína purificada a partir da *E. coli* recombinante.

5.7. Aplicação da proteína toxina alfa hemolisina em diferentes tecidos de cancro humano.

A hemolisina alfa recombinante purificada foi seca por liofilização. A citotoxicidade da proteína de hemolisina alfa recombinante foi examinada contra quatro linhas celulares, tais como cancro hepatocelular (HepG-2), linhas celulares de cancro do cólon (HCT-116), células de cancro da mama (MCF-7) e células de cancro do pulmão (A-549), como se mostra na **Tabela (14 & 15)** e na **Fig. (23, 24, 25).** Os dados gerados foram utilizados para traçar uma curva de dose-resposta da qual a concentração (μg / ml) da proteína α-hemolisina necessária para matar 50% da população celular (IC50) foi determinada na **Fig. (25)**. A citotoxicidade foi expressa como o IC50 médio de α - toxinas conforme a **Tabela (14)**. A partir da **Tabela (14) e da Fig. (23 & 25-A),** foi detectada atividade inibitória contra células de carcinoma hepatocelular nestas condições experimentais com IC50 = 210 LigZml. A partir da **Tabela (14) e da Fig. (24 & 25-B),** a atividade inibidora contra células de carcinoma do cólon foi detectada nestas condições experimentais com IC50 = 244 Lg/ml. A partir da **Tabela (14) e da Fig. (25-C & 25-D),** foi detectada uma fraca atividade inibidora contra células de carcinoma da mama e células de carcinoma do pulmão nestas condições experimentais com IC50 = >500 L g/ml. **Tabela (15),** a proteína de hemolisina alfa teve uma atividade inibidora elevada contra HepG-2 e HCT-116, e teve uma atividade inibidora fraca contra MCF-7 e A-549. Os resultados obtidos aqui demonstraram que a toxina de hemolisina alfa pode ser usada como anticancerígena

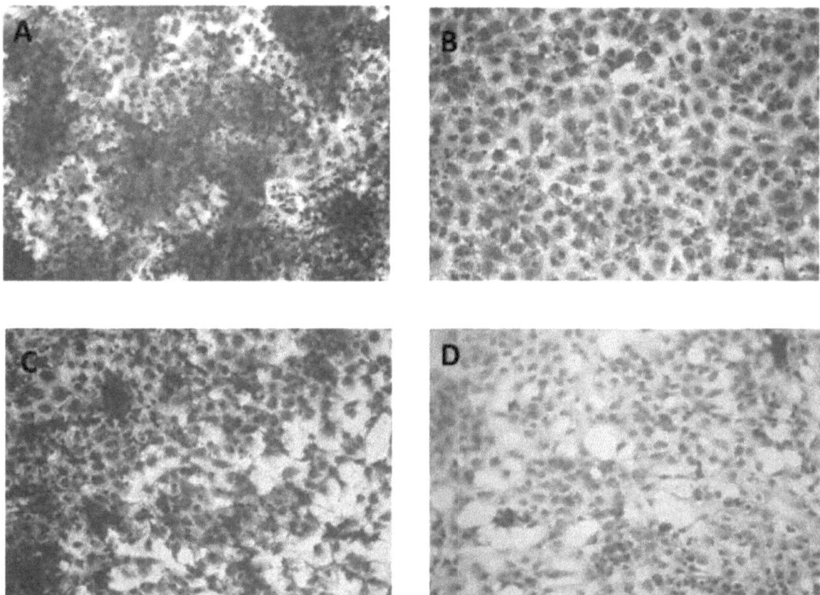

Figura (23): Exame microscópico do efeito da α-hemolisina em células de cancro hepatocelular (HepG-2). As células foram incubadas com (A) 0, (B) 62,5, (C) 250 ou (D) 500 µg/ml de α-hemolisina a 37°C por 48 horas. Depois disso, a viabilidade celular foi determinada usando 1% de coloração violeta cristal.

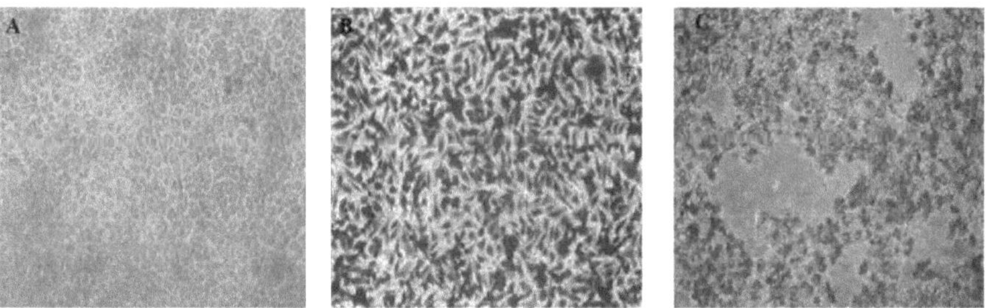

Figura (24): Exame microscópico do efeito da α-hemolisina em células de cancro do cólon (HCT-116). As células foram incubadas com (A) 0, (B) 62,5 ou (C) 500 µg/ml de α-hemolisina a 37°C por 48 horas. Depois disso, a viabilidade celular foi determinada usando 1% de coloração violeta cristal.

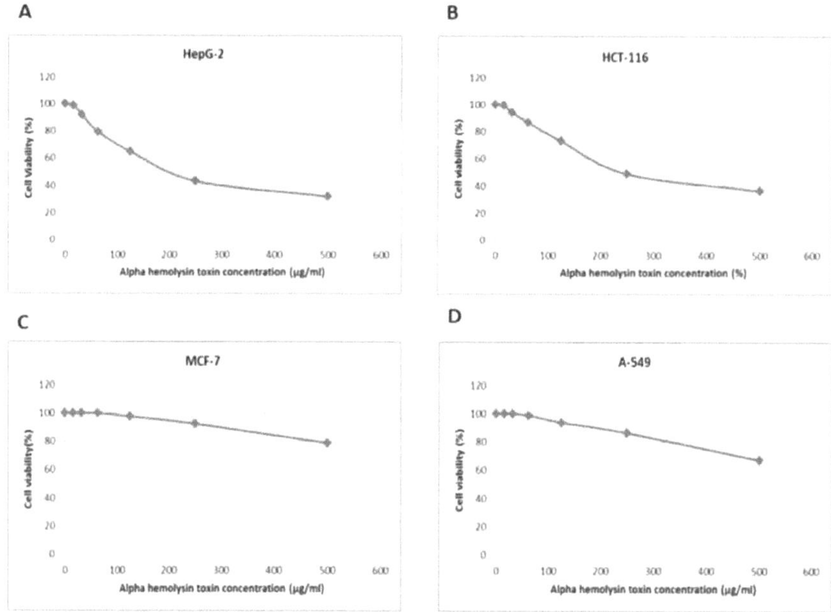

Figura (25): citotoxicidade da α-hemolisina contra o cancro hepatocelular, as linhas celulares do cancro do cólon, as células do cancro da mama e as células do cancro do pulmão. (A) As células de cancro hepatocelular [HepG2], (B) as células de cancro do cólon [HCT-116], (C) as células de cancro da mama [MCF-7] e (D) as células de cancro do pulmão [A-549] foram tratadas com diluições em série de α-hemolisina durante 48 horas e, em seguida, a percentagem de células viáveis após o tratamento foi determinada utilizando violeta de cristal.

Tabela (14): actividades de citotoxicidade (IC50) da proteína α-hemolisina contra (HepG-2), (HCT-116), (MCF-7) e (A-549)

Linha celular	IC50 (µg / ml)
Cancro humano heptocelular (HepG-2)	210
Cancro humano do cólon (HCT-116)	244
Cancro da mama humano (MCF-7)	500
Cancro humano do pulmão (A-549)	500

Tabela (15): Coloração com violeta de cristal % de viabilidade das células cancerígenas.

Linha celular	Viabilidade celular (%)
Cancro humano heptocelular (HepG-2)	31.69

Cancro humano do cólon (HCT-116)	36.27
Cancro da mama humano (MCF-7)	78.95
Cancro humano do pulmão (A-549)	67.28

6. Discussão

6.1. Recolha, isolamento e identificação de *Staphylococcus aureus*.

O Staphylococcus aureus causa uma vasta gama de infecções, desde uma grande variedade de infecções da pele, de feridas e de tecidos profundos até condições mais perigosas para a vida, como a pneumonia, a endocardite, a artrite séptica e a septicemia. Esta bactéria é também uma das espécies mais comuns nas infecções nosocomiais. No entanto, pouco se sabe sobre os factores de virulência subjacentes a todas estas condições. Para além disso, *o S. aureus* também pode causar intoxicação alimentar, síndrome da pele escaldada e síndrome do choque tóxico, através da produção de diferentes toxinas **(Stark, 2013).**

Os *S. aureus* foram isolados de diferentes amostras clínicas (108 isolados bacterianos) na unidade de microbiologia do Children Mansoura University Hospital (CMUH). Os isolados de *S. aureus* foram identificados utilizando propriedades de cultura, identificação bioquímica e ferramentas moleculares. Neste estudo, a toxina de hemolisina alfa foi utilizada como fator de virulência para a identificação de *S. aureus* e utilizada como anticancerígeno.

O S. aureus representou 27,78% do total de estirpes bacterianas, como se pode ver na **Tabela (2).** Além disso, o *S. aureus* estava representado em todas as amostras com diferentes rácios: 26,4 % de todas as infecções sanguíneas, 50 % do total de infecções do trato urinário, 50 % de todas as amostras de pus eram *S. aureus*. Estes resultados são coerentes com os publicados por outros investigadores em todo o mundo. **Shakya et al., 2010, El- Jakee et al., 2008 e Desouky et al., 2014** descobriram que *S. aureus* representava 12,5%, 28% e 54%.

Neste estudo, verificou-se que *o S.aureus* representava 26,4 % das infecções sanguíneas. Resultados semelhantes foram registados por **Tsering et al., 2011, Verna, 2012, Lyall et al., 2013 e Al-Zoubi et al., 2015**, onde *S. aureus* representou 25%, 28%, 27,3%, 25,7 do total de infecções do sangue, respetivamente. No entanto, **Bazira et al., 2014,** referiram que *o S. aureus* representava 59% do total de infecções sanguíneas.

Ao comparar o *S. aureus* da urina de doentes que sofrem de infecções do trato urinário, verificou-se que representava 50 % das infecções do trato urinário. Do mesmo modo, **Tsering *et al.*, 2011,** referiram que *o S. aureus* representava 66,67%. Enquanto **Lyall *et al.*, 2013, Amengialue *et al.*, 2013, Bazira *et al.*, 2014, Al-Zoubi *et al.*, 2015,** relataram que 12,6%, 28%, 8%, 3,6% de todas as infecções do trato urinário, respetivamente.

Neste estudo, *S.aureus* foi representado em 50% das amostras de pus. Esses resultados discordam de **Tsering *et al.*, 2011, Verna, 2012, Lyall *et al.*, 2013** e **Bazira *et al.*, 2014,** que relataram que 31,88%, 40%, 31,1%, 22% de todas as amostras de pus.

Neste estudo, os isolados de *S. aureus* deram uma colónia cremosa a amarela (dourada), circular e conexa. Todos os 30 isolados de *S. aureus* apresentaram uma cor cremosa, exceto os isolados n. 1,2,5,19 que deram cor amarela, conforme **a Tabela (3).** A cor amarela resulta do pigmento carotenoide Staphyloxanthin. Este actua como um fator de virulência, principalmente por ser um antioxidante bacteriano que ajuda o micróbio a evitar as espécies reactivas de oxigénio que o sistema imunitário do hospedeiro utiliza para matar os agentes patogénicos (**Liu *et al.*, 2005 & Lan *et al.*, 2010**). Estes resultados estão em desacordo com **El-Jakee et al., 2008**.

No presente estudo, todos os 30 isolados de *S. aureus* produziram a enzima coagulase, que converteu o fibrinogénio (forma solúvel) no plasma em fibrina de coagulação (forma insolúvel), como se mostra na **Tabela (3).** Este resultado é semelhante ao de **El-Hadedy & El-Nour, 2012. Kobayashi *et al.*, 2015** referiram que a coagulase de *S. aureus* (Coag) e a proteína de ligação ao fator de von willebrand (vWbp) são talvez mais conhecidas pela sua capacidade de alterar a defesa do hospedeiro, promovendo a coagulação e alterando a hemostase normal, contribuindo assim para a patogénese de *S. aureus*.

6. 2. Distribuição da infeção por *Staphylococcus aureus* de acordo com o sexo e a idade do doente.

Além disso, *o S. aureus* representou 60% do total de infecções masculinas e 40% do total de infecções femininas. Resultados semelhantes foram relatados por **Tigist *et al.*,**

2012, Noskin *et al.*, 2005 & Al-Zoubi *et al.*, 2015 onde *S. aureus* representou 50,9%, 53,2%, 57% do total de infecções masculinas, 49,1%, 46,8%, 43% do total de infecções femininas por *S. aureus*. **Rodrigues *et al.*, 2000, Staphanie *et al.*, 2012, Nandita & Ishaya, 2014 e Shakya *et al.*, 2010** relataram que 73%, 42%, 42,6% e 11,3% do total de infecções masculinas, 27,6%, 58%, 57,4% e 13,6% do total de infecções femininas por *S. aureus*.

Neste estudo, *o S. aureus* representou 94,44% da idade masculina infetada (0-7 anos), enquanto a idade masculina infetada (8-14 anos) foi de 5,56%. A percentagem de idade (0-7) das mulheres infectadas foi de 50%, enquanto a percentagem de idade (8-14) das mulheres infectadas foi de 50%. A percentagem de idade (0-7 anos) do total de infecções por *S. aureus* foi de 76,67%, enquanto a percentagem de idade (8-14 anos) do total de infecções por *S. aureus* foi de 23,33%. A partir dos nossos resultados, as infecções por *S. aureus* nas idades mais jovens (0-7) são mais elevadas do que na idade adulta (8-14). Este resultado está de acordo com **Leifso *et al.*, 2013**.

6. 3. Rastreio de isolados de *S. aureus* para a produção de hemolisina alfa.

A toxina de hemolisina alfa foi produzida por *S. aureus* como exoproteína no meio de ágar sangue, cuja cor passou a ser acastanhada, como mostrado na **Fig. (9).** Estes resultados mostraram a concordância com os publicados por **Stulik *et al.*, 2014**. Além disso, a toxina de hemolisina alfa foi representada por 33,33% do total de isolados de *S. aureus*. Do mesmo modo, **Fei *et al.*, 2011,** referiram que a toxina α- representava 34% de todos os isolados de *S. aureus*. Enquanto isso, **Ariyanti *et al.*, 2011 e Desouky *et al.*, 2014** obtiveram 18,8% e 11,1%.

6. 4. Análise de proteínas celulares totais de isolados de *S. aureus*.

A análise SDS-PAGE foi o método mais eficaz para caraterizar os isolados de *S. aureus* utilizados neste estudo, uma vez que estes isolados apresentaram diferenças nos seus padrões de proteínas electroforéticas, como se mostra na **Tabela (9).** Durante este estudo, os isolados de *S. aureus* podem ser divididos em dois grupos diferentes, de acordo com os seus padrões proteicos, como mostra a **Tabela (10).** O grupo I contém isolados: 1,2,3,5,6,11,19,21,24,25 em que todas as suas bandas proteicas eram idênticas às do *S. aureus* típico, enquanto o grupo II contém os isolados: 4, 7,8,9,10,12,13,14,15,16,17,18,20,22,23,26,27,28,29,30 que partilham 92 % de homologia com o grupo I. A elevada percentagem de semelhança qualifica o grupoII para ser identificado como *S. aureus*, mas perdeu a proteína alfa hemolisina e estes resultados são semelhantes aos estabelecidos por **Dogan *et al.*, 2013 & Berber *et al.*, 2003**.

6. 5. Análise do gene da toxina alfa hemolisina.

A Tabela 11 mostrou que todos os isolados de *S. aureus* (1,2,3,5,6,11, 19,21,24,25) deram o produto de 680 pb.

No estudo apresentado, o gene *hia* foi apresentado em 90,91% nas amostras de sangue, como mostra a **Tabela (12)**. De forma diferente, **Ariyanti *et al.*, 2011 e Fei *et al.*, 2011** relataram que o gene *hia* representou 81,81% e 34,88.

6. 6. RT-PCR da análise do gene da toxina alfa-hemolisina.

Neste estudo, a expressão da α-toxina foi determinada por RT-PCR do gene *hia* antes da clonagem, como se mostra na **Tabela (13).** Os nossos resultados mostraram que a estirpe n.º 5 tinha um rácio elevado de quantidade de expressão de *hia* (266,87), pelo que esta estirpe foi submetida a sequenciação e clonagem. Os nossos resultados não concordam com os **de Tavares *et al.*, 2014**, que referiram que a expressão da α-toxina foi determinada por RT-PCR do gene *hia* após a clonagem.

7. 7. Análise da sequência de estirpes (5)

Neste estudo, a sequência da estirpe n.º 5 foi submetida ao NCBI, e a análise da sequência Blast mostrou que a α-toxina tem uma similitude de 99% com as sequências publicadas no Gene Bank. Este resultado está de acordo com o publicado por **Fei *et al.* (2011).**

8. 8. Isolamento, clonagem e expressão do gene da toxina alfa hemolisina da estirpe n.º 5 e purificação da proteína *hia*.

A PCR purificada e o vetor de expressão foram cortados com a mesma enzima de restrição (*EcoR1*) e depois ligados com a enzima ligase (promega). O vetor recombinante foi transformado em *E. coli* DH5α e foram selecionadas colónias brancas. A toxina alfa hemolisina recombinante foi purificada utilizando a coluna Sphadex e a atividade de todas as fracções obtidas foi analisada e separada utilizando SDS-PAGE. A proteína α-toxina foi expressa em 34 KDa e este resultado está de acordo com os publicados por **Bantel *et al.*, 2001 & Swofford *et al.*, 2014**.

9. 9. Aplicação da proteína alfa hemolisina em tecidos cancerígenos humanos.

A resposta de citotoxicidade à toxina alfa-hemolisina depende do tipo de célula e da concentração da toxina **(Essmann *et al.*, 2003)**. Neste estudo, **a Tabela (14) e a Figura (23, 24 e 25)** mostraram que diferentes concentrações de toxina de hemolisina alfa foram afectadas na viabilidade celular de quatro linhas celulares (HepG-2, HCT-116, MCF-7, A-549) e determinaram o IC50. **Florento *et al.*, 2012,** referiu que a IC50 é a concentração de toxina de hemolisina alfa capaz de causar a morte de 50% das células e pode ser preditiva do grau de efeito citotóxico. Quanto mais baixo o valor, mais citotóxica é a substância. Dos nossos resultados, a atividade inibitória da α-toxina contra as células do carcinoma hepatocelular foi detectada com IC50 = 210 µg/ml, enquanto a atividade inibitória da α-toxina contra as células do carcinoma do cólon foi detectada com IC50 = 244 µg/ml. Em comparação, foi detectada uma fraca atividade inibitória da toxina alfa contra as células do carcinoma da mama e as células do carcinoma do pulmão com IC50 = >500 µg/ml. Os nossos resultados confirmaram que a toxina de hemolisina alfa é utilizada como anticancerígena. Estes resultados estão de acordo com os publicados por **Bantel *et al.*, 2001 e Swofford *et al.*, 2014.**

Neste contexto, **Vandenesch *et al.*, 2012,** referiu que a α-hemolisina é o fator de virulência mais caracterizado de *S. aureus*. Após a ligação à superfície celular, os monómeros de α-hemolisina reúnem-se num homo heptâmero, formando um pré-poro. O pré-poro transita subsequentemente para um poro transmembranar de barril β maduro. Este poro permite o transporte de moléculas com menos de 2kD, como os iões K+ e Ca2+, levando à morte necrótica da célula alvo.

Neste estudo, a concentração elevada de α-toxina (500 µl/ml) teve efeito na viabilidade celular de quatro linhas de células (HepG-2, HCT-116, MCF-7, A-549), como mostra a **Tabela (15).** A viabilidade celular das linhas celulares foi representada por 31,69% em HepG-2, 36,27% em HCT-116, 78,95% em MCF-7, 67,28% em A-549. A partir dos nossos resultados, a proteína alfa-hemolisina teve uma elevada atividade inibidora contra HepG-2 e HCT-116, e teve uma fraca atividade inibidora contra MCF-7 e A-549.

A este respeito, **Haslinger *et al.*, 2003 e Essmann *et al.*, 2003** tinham referido que a toxina α de *S. aureus* é uma toxina formadora de poros que pode causar apoptose de células tumorais a concentrações mais elevadas. Neste estudo, verificou-se que a viabilidade celular de MCF-7 era de 78,95% em 48 horas. Resultados dissimilares foram relatados por **Swofford *et al.*, 2014**, onde a viabilidade celular representou 85% em menos de 1 h de cancro da mama humano (MCF-7). Neste estudo, a viabilidade celular da A-549 foi de 67,28%. Este resultado da linha celular de cancro do pulmão está de acordo com **Johansson *et al.*, 2008.**

Em conclusão, o gene da hemolisina alfa foi isolado de *S. aureus* patogénico que foi isolado de amostras de sangue de pacientes (crianças). Este gene *hia* recombinante foi produzido como proteína de hemolisina alfa utilizando *E. coli* competente como hospedeiro. A proteína α-toxina recombinante foi utilizada como agente anticancerígeno. A produção da toxina α recombinante foi um processo muito simples, de baixo custo, de elevada eficiência, não tóxico, de elevado rendimento e sem efeitos secundários.

7. Resumo

S. aureus é um agente patogénico bacteriano facultativo Gram-positivo que infecta principalmente indivíduos hospitalizados e que sofrem de várias doenças subjacentes. *O S. aureus* pode causar uma série de infecções, tais como doenças do sistema digestivo, infecções do trato urinário, doenças de pneumonia, meningite, osteomielite, endocardite, síndrome do choque tóxico, bacteremia e sépsis.

Este estudo foi realizado com o objetivo de avaliar a toxina alfa-hemolisina para a identificação de isolados de *S. aureus*. Além disso, foi selecionada a estirpe mais ativa produtora da toxina alfa-hemolisina e o gene da toxina alfa-hemolisina foi isolado e clonado.

Foram recolhidas amostras clínicas, independentemente do tipo de infeção. Este estudo foi efectuado durante um período. Foram colhidas 108 amostras de diferentes enfermarias no (CMUH). Das 108 amostras, 30 apresentaram resultados de cultura positivos para *S. aureus*.

A caraterização fenotípica foi efectuada utilizando as caraterísticas culturais e o aspeto morfológico na coloração de Gram e a identificação bioquímica. A cultura de *S. aureus* em meio de ágar-sangue foi utilizada para a identificação da toxina alfa-hemolisina. A toxina α- foi detectada em 33,33%.

As análises SDS-PAGE foram utilizadas para identificar e diferenciar os isolados de *S. aureus* de diferentes infecções. Neste estudo, os isolados de *S. aureus* podem ser divididos em dois grupos diferentes, de acordo com a presença dos padrões proteicos que apresentaram ou não a banda de hemolisina alfa (34

KDa).

Foi efectuada uma RT-PCR para detetar a presença do gene *hia* nos 11 isolados de *S. aureus* selecionados. Foram detectados genes *hia* (90,91%). A partir dos nossos resultados, a estirpe n.º 5 teve uma expressão elevada, pelo que o gene *hia* da estirpe n.º 5 foi isolado, sequenciado e clonado. Os nossos resultados confirmaram a presença do gene *hia* na estirpe n.º 5 que foi isolada de uma amostra de sangue.

O gene *hia* da estirpe n.º 5 foi clonado e expresso. Os nossos resultados confirmaram o sucesso da clonagem da hemolisina alfa através da produção da proteína da toxina α. A proteína alfa hemolisina purificada (34 KDa) foi detectada por SDS-PAGE.

A citotoxicidade da proteína alfa-hemolisina recombinante foi detectada utilizando diferentes concentrações para determinar a viabilidade celular de quatro linhas celulares (HepG-2, HCT-116, MCF-7, A-549). A viabilidade celular das linhas celulares foi representada por 31,69% em HepG-2, 36,27% em HCT-116, 78,95% em MCF-7, 67,28% em A-549. A proteína de hemolisina alfa teve uma elevada atividade inibidora contra HepG-2 e HCT-116, e teve uma fraca atividade inibidora contra MCF-7 e A-549. Os nossos resultados confirmaram que a proteína da toxina α purificada foi utilizada como agente anticancerígeno.

Os resultados obtidos concluíram que a produção de α-toxina recombinante é um processo muito simples, de baixo custo, de elevada eficiência, não tóxico, de elevado rendimento e sem efeitos secundários, e que a proteína α-toxina purificada pode ser utilizada como medicamento anticancerígeno.

8. Referências

Alberts B., Johnson, A., Lewis, J., Raff, M., Roberts, K., e P. Walter, P. (2002). How cells read the genome: from DNA to protein.Chp.6. in Molecular biology of the cell , 4th edition.

Agrawa, A. e Gopal, K. (2013) Capítulo 12: Estudos de toxicidade microbiana. Biomonitorização da água e das águas residuais. 121-133. ISNB 978-81322-0864-8 (livro eletrónico).

Al-Zoubi, M. S., Al-Tayya, I. A., Mttussien, E., Al-Jabali, A., Khundariat, S. (2015) Antimicrobial susceptibility pattern of *Staphylococcus aureus* isolated from clinical specimens in northern area of Jordan. *Jornal Iraniano de Microbiologia.* 7(5): 256-272.

Aman, M. J., e Adhikari, R. P. (2014) *Staphylococcal* biocomponent pore-forming toxins: targets for prophylaxis and immuno-therapy. *Toxins.* 950-972. (www.mdp.com/journal/toxins).

Amengialue, O. O., Osawe, F. O., Edobor, O., Omoigberale, N. O., e Egharevba, A. P. (2013) Prevalência e padrão de antibiograma de *Staphylococcus aureus* na infeção do trato urinário em pacientes atendidos no Hospital Especializado, Benin City, Nigéria. *G. J. B. A. H. S.* 2(4): 46-49.

Ariyanti, D., Salasia, S. I. O., and Tato, S. (2011) Characterization of haemolysin of Staphylococcus isolated from food of animal origin. *Indonesian J. of Biotechnology.* 16(1): 32-37.

Bantel, H., Sinha, B., Domschke, W., Peters, G., Schulze-Osthoff, K., e Janicke, R. U. (2001) α-toxin is mediator of *Staphylococcus aureus-induced* cell death and activates caspases via the intrinsic death pathway independently of death recetor signaling. *journal of cell biology.* 155(4): 637-647.

Bartlett, A. H., e Hulten, K. G. (2010) *Staphylococcus aureus* pathogenesis. *Jornal de doenças infecciosas pediátricas.* 29(9): 860861.

Bazira J., Boum, Y., Sempa, J., Iramiat, J., Nanjebe, D., Sewankambo, N., e

Nakanjaka, D. (2014) Tendências na resistência antimicrobiana de *Staphylococcus aureus* isolados de hospitais clínicos na zona rural do Uganda. *Jornal Britânico de Investigação em Microbiologia.* 4(10): 1084-1091.

Belkum, A. V., Struelens, M., Visser, A., Verbrugha, H. e Tibayrenc, M. (2001) Role of genomic typing in taxonomy, evolutionary genetic, and microbial epidermology. *Clinical Microbiology Review.* 14 (3): 547-560.

Berber, L., Cokmus, C., e Atalan, E. (2003) Caracterização de espécies de *Staphylococcus* por SDS-Page de células inteiras e proteínas extracelulares. *Microbiology.* 72(1): 42-47.

Berube, B. J., & Wardenburg, J. B. (2013) *Staphylococcus aureus* α- toxina: Intriga de quase um século. *Toxins.* 5:1140-1166. (www. mdp. com/journal/toxins).

Bien, J, Sokolova, O., e Bozko, P. (2011) Characterization of Virulence Factors of *Staphylococcus aureus*: Novel Function of Known Virulence Factors That Are Implicated in Activation of Airway Epithelial Proinflammatory Response (Nova função de factores de virulência conhecidos que estão implicados na ativação da resposta pró-inflamatória do epitélio das vias respiratórias). *Journal of pathogens.* 1-13. (http://dx.doi.org/10.4061/2011/6019051).

Bourbeau, P., Riley, J., Hetter, B. J., Master, R., Young, C., e Pierson, C. (1998) Use of the BacT/Alert Blood Culture System for Culture of Sterile Body Fluids Other than Blood. *J Clin Microbiol.* 36(11): 3273-3277

Bordford, M. M. (1975) A rapid and sensitive method for the quantification of microgram quantities of protein using the principle of protein-dye binding. *Annu. Rev. Biochem.* 72: 248-254.

Borriello, S. P., Murray, P. R., Funke, G. (2007) *Staphlycocci.* Chp. 14 em Toplely& wilson's microbiology& microbial infections, Bacteriology. 2: 367-381.

Brimecombe, Melissaj, Grist, Roger, butler, anne, kimberle, Hall, Geraldine e knapp, C. (2002) Performance of sensittre Gram - Ve identification plate (GNID) compared to vitek 1 automicrobic system GN1+ card and the microscan walkAway system Dried Neg ID Type 2 panel . Web :WWW.trekds.com . JN47334 Cartaz Trek 3: 1.

Brown, T. A. (2010) Clonagem de genes e análise de ADN em medicina. Chp. 14 em Gene Cloning & DNA analysis An introduction. 245-263. AJohn Wiley &ons, Ltd, Reino Unido.

Carson, S., Miller, H. B., Witherow, D. S. (2012) Amplificação por PCR do *egfp* e conclusão da preparação do vetor. Parte 1: Manipulação de DNA. 1-63.

Ceremonie, H., Buret, F., Simonet, P., e Vogel T. M. (2004) Isolamento de bactérias do solo competentes em matéria de relâmpagos. *Appl Environ Microbiol.* 70(10): 6342-6346.

Costa, A. R., Batistao, D. W. F., Ribas, R. M., Sousa, A. M., Pereira, M. O., e Belho, C. M. (2013) *Staphylococcus aureus* virulence factors and disease. *A. Méndez-Vilas, Ed.* 702-710.

Cunha, M. L. R. S., e Calsolari, R. A. O. (2008) Toxigenicidade em *Staphylococcus aureus* e *Staphylococci* Coagulase-Negativa: Aspectos Epidermológicos e Moleculares. *Microbiological insights.* 1: 13-24.

Desouky, S., El Gamal, M. S., Mohamed, A. F., e Abu-Elghait, M. E. (2014) Determinação de alguns factores de virulência em Staphylococcus spp. isolados de amostras clínicas de diferentes pacientes egípcios. *Revista Mundial de Ciências Aplicadas.* 32(4): 731-740.

Dogan, G., Doganli, G. A., Gursoy, Y., e Dogan, N. M.(2013) Antibiotic susceptibilies and SDS-PAGE protein profiles of methicillin-Resistant *Staphylococcus aureus* (MRSA) strains obtained from Denizli Hospital. 346-362. (http://dx.dox.org/10.5772/55457)

El-Gayar, K. E. (2015) Princípios da produção, extração e purificação de proteínas recombinantes a partir de estirpes bacterianas. *Inter. J. Microbiology and Allied sciences (IJOMAS).* 2(2):18-33.

El-Hadedy, D., & El-Nour, S. A. (2012) Identificação de *Staphylococcus aureus* e *E.*

coli isolados de alimentos egípcios por métodos convencionais e moleculares. *Journal of Genetic Engieering and Biotechnology*. 10(1): 129-135.

EL-Jakee, J., Nagwa, A. S., Bakry, M., Zouelfekar, S. A. e El- Said,W. A. G. (2008) Caraterísticas das estirpes de *Staphylococcus aureus* isoladas de fontes humanas e animais. *American-Eurasion J. Agric & Environ. Sci.* 4(2): 221-225.

Elmore, S. (2007) Apoptosis: Uma revisão da morte celular programada. Toxicol. *Pathol.* 35(4): 495-516.

Essmann, F., Bantel, H., Totzke, G., Engels, I. H., Sinha, B., Schulze-Osthoff, K., e Janicke R. U. (2003) *Staphylococcus aureus* α- toxin-induced cell death: predominant necrosis despite apoptotic caspase activation. *Cell Death and Differentiation*. 10: 1260-1272.

Fei, W., Hongjun, Y., Bin, Changfa, H. W., Yundong, G., Qifeny, Z., Xiaohong, W., Yanjun, Z. (2011) Estudo sobre o fenótipo da hemolisina e a distribuição dos géneros de Staphylococcus aureus que causaram mastite bovina em explorações leiteiras de Shandong. *Inter J. Appl. Res. Vet. Med*. 9(4):416-421.

Florento, L., Matias, R., Tuano, E., Santiago, K., Cruz, F., Tuazon, A. (2012) Comparação da atividade citotóxica de fármacos anticancerígenos contra várias linhas de células tumorais humanas utilizando uma abordagem baseada em células *in vitro*. *Int J Biomed Sci* 2012; 8 (1): 76-80.

Foster, P. L. (2007) Methods for determining spontaneous mutation rates (Métodos para determinar as taxas de mutação espontânea). Métodos Enzymol . *Pub Med Central* . 409:195-213 .

Gautam, P., Gupta, P., Sharma, P., e Dangwal. P. (2015) Aspectos vítreos das toxinas bacterianas viciosas. *Jornal de investigação química e farmacêutica*. 7(6): 279-289.

Ghenghesh, K. S., EiKtateb, E., Berbaah, N., Ahmed, R. A. N. S. F., Rahouma, A., Nasser, N. S., Eikhabroun, M. A., Belresh, T., e Klena, J. D. (2009) Uropatógenos de pacientes diabéticos na Líbia: factores de virulência e grupos filogenéticos de isolados *de Escherichia. Jornal de microbiologia médica.* 58(Pt 8):1006-14

Goebel, W., Chakraborty, T., e Kreft, J. (1988) Bacterial Hemolysins as Virulence factors. *Antonie van ieewenhoek.* 54:453463.

Goldman, E., e Green, L. H. (2009) Diagnostic medical microbiology. Segunda edição. 117-128. CRC press Taylor& Francis Group Boca Raton London New York.

Gomha, S. M., Riyadh, S. M., Mahmmoud, E. A., e Elaasser M. M. (2015) Síntese e actividades anticancerígenas de tiazóis, 1,3-tiazinas e tiazolidina utilizando quitosano-Grafted-Poly (Vinylpyridine) como catalisador básico. *Heterocycles.* 91(6): 1227-1243.

Greenwood, D., Barer, M., Slack, R., Irving, W. (2012) *Staphylococcus aureus.* Chp. 15. Em Microbiologia Médica, 18th edição. 176-182. Churchill Livingstone, Elsevier Ltd.

Gulani, I., Mamza, S. A., Geidam, Y. A., Mshelia, G. D., e Egwu, G. O. (2016) Caracterização morfológica e bioquímica de *estafilococos* isolados de animais de produção no norte da Nigéria. *Diret Res. J. Vet. Med. Anim. Sci.* 1(1): 1-8

Gurnev, P. A., e Netorovich, E. M. (2014) Toxinas bacterianas formadoras de canais em toxinas de biossensorização e entrega de macromoléculas. *Toxinas.* 2483-2540. (www.mdpi.com/j oumal/toxins).

Habib, F., Rind, R., Durani, N., Bhutlo, A. L., Buriro, R. S., Tunio, A., Aijaz, N., Lakho, S. A., Bugti, A. G., Shoaib, M. (2015) Caracterização morfológica e cultural de *Staphylococcus aureus* isolados de diferentes espécies animais. *J. Appl. Environ. Biol. Sci.* 5(2): 15-26.

Haghkhah, M. (2009) Estudo dos factores de virulência de *Staphylococcus aureus.* Doutoramento em Filosofia, Universidade de Shiraz, Shiraz, Irão. 1-98.

Harlow, E., & Lane, D. (1988) Antibodies, A Laboratory Manual. Cold Spring Harbor Laboratory Press, Cold Spring Harbor, NY.

Haslinger, B., Strangfeld, K., Peters, G., Schulze-Osthoff, K., e Sinha, B. (2003)

Staphylococcus aureus α-toxin induces apoptosis in peripheral blood mononuclear cells: role of endogenous tumor necrosis fator- α and the mitochondrial death pathway. *Cellular Microbiology*. 5(10): 729-741.

Hassen, A., Cherif, A., Belguith, K., Saidi, N., Cherif, H., e Yoshid, M. (2002) Polymerase chain reaction technique for microbial and environmental investigations. Aterro de resíduos sólidos e contaminação do solo/sedimento: estudos de caso na Tunísia. 103 - 109.

Henkel, J. S., Baldwin, M. R., Barbieri, J. T. (2013) Toxina de bactérias. *Instituto Nacional de Saúde de Acesso Público Autógrafo*. 100: 1-29.

Hildebrandt, J. P. (2015) Os factores de virulência formadores de poros de *Staphylococcus aureus* desestabilizam a barreira epitelial - efeitos da alfa-toxina nas fases iniciais das infecções das vias respiratórias. *Microbiologia AIMS*. 1(1): 11-36. (http: //www.aimspress.com).

Inoue, H., Nojima, H., e Okayama, H. (1990) High efficiency transformation of Escherichia coli with plasmids. *Gene*. 96: 23-28.

Jain, S. K. (2007) Molecular Biology Recombinant DNA Technology and its applications. 1-38.

Johansson, D., Johansson, A., Behnam-Motlagh, P. (2008) A α-toxina de *Staphylococcus aureus* supera uma resistência adquirida à cisplatina em células de mesotelioma maligno. *Carta do cancro*. 265: 67-75. (www.Elsevier.com).

Johnson, J. R., e Stell, A. L. (2000) Genótipos de virulência alargada de estirpes de *Escherichia coli* de doentes com urossepsia em relação à filogenia e ao comprimisso do hospedeiro. *Journal of infectious diseases*. 181: 261-72.

Kadariya, J., Smith, T. C., e Thapaliya, D. (2014) *Staphylococcus aureus* e *Staphylococcal* food-borne Disease: um desafio contínuo na saúde pública. *Bio Med Resarch International*. 2014 :1-9. (http://dx.doi.org/10.1155/2014/827965).

Kobayashi, S. D., Malachowa, N., e Deleo, F. R. (2015) Pathogesis of *Staphylococcus aureus* abscess. *The American Journal of pathology*. 185(6): 1518-

1527.

Kong, C., Neoh, H. M. e Nathan, S. (2016) Toxinas de *Staphylococcus aureus* como alvo: um potencial de terapia anti-virulência. *Toxinas.* **8**(3): 72.

Kostylev, M., Otwell, A. R., Chardson, R. E., e Suzuki, Y. (2015) A clonagem deve ser simples: *Echerichia coli* DH5α - montagem mediada de múltiplos fragmentos de DNA com homologias de extremidade curta. *Journal pone.* 10(9): 1-15.

Lairmore, T. C. (1990) Method: polymerase chain reaction .Vol.1 in Donis-keller lab . Manual do laboratório. (http:/hg.wust.edu).

Lan, L., Cheng, A., Dunman, P. M., Missiakas, D. e He, C. (2010) A produção de pigmento dourado e a expressão de genes de virulência são afectadas por metabolismos em *Staphylococcus aureus*. *J. Bacteriol.* 192(12): 3068-3077.

Laursen, B. S., S0rensen, H. P., Mortensen, K. K., e Sen, H. U. S. P. (2005) Initiation of protein synthesis in bacteria. *Microbiology and Molecular Biology Reviews.* 69 (1): 101-123.

Leifso, K. R., Gravel, D., Mounchili, A., Kaldas, S., Saux, N. L. (2013) Caraterísticas clínicas dos doentes pediátricos hospitalizados com Staphylococcus aureus resistente à meticilina em hospitais canadianos de 2008 a 2010. *J. Infect. Dis. Microbil.* 24(3): e53-e56.

Leng, B.-F., Qiu, J. Z., Dia, X. H., Dong, J., Wang, J. F., Luo, M. J., Li, H. E., Niu, X. D., Zhang, Y., Ai, Y. X., e Dang, X. M. (2011) Allicin reduces the production of α- toxin by *Staphylococcus aureus*. *Molecules*. 16(9):7958-68. (www. mdpi.com/j oumal/molecules).

Liang, X., Hall, J. W., Yang, J., Yan, M., Doll, K., Bey, R., Ji, Y. (2011) Identificação de polimorfismos de nucleótido único associados *PLoS ONE* . 6 (4): 1-10. (www.plosone. org).

Lindsay, J. A., & Holden, M. T. (2004) *Staphylococcus aureus*: Superbug, Super genoma. *Tendências em Microbiologia*. 12(8): 378-385.

Liu, G. Y., Essex, A., Buchana, J. T., Datta, V., Hoffman, H. M., Bastian, T. F., Fierer, J., e Nizet, V. (2005) *Staphylococus aureus* pigment impairs neutrophil killing and promotes virulence through its antioxidant activity. *J. Exp..* 202(2): 209-215.

Lodish, H., Berk, A., Zipursky, S. L., Matsudaira, P., Baltimore, D., e Damell, J. (2000) Rcombinant DNA and Genomics. Chp. 7 in Molecular Cell Biology, 4th edition, New york.

Lodge, J., Lund, P., e Minchin, S. (2007) Key tools for Gene Cloning. Chp. 3 em Gene Cloning. 35-83. Tarylor & Francis, Reino Unido.

Lowe, S. W. & Lin, A. W. (2000) Apoptosis in cancer. *Carcinogenesis.* 21(3): 485-495.

Lowy, F. D. (1998) Infecções por *Staphylococcus aureus*. *N. Eng. J. Med.* 339: 520-532.

Lubran, M. M. (1998) Bacterial toxins. *Ann. Clin. Lab. Sci.* 18(1):58- 71.

Lyall, K. D. S., Gupta, V., Chinna, D. (2013) Resistência induzível à clindamicina entre isolados clínicos de Staphylococcus aureus. *J. do Instituto de Ciências Médicas Mahatma Gandhi.* 18 (2):112-115.

Massoudieh, A., Mathew, A., Lambertini, E., Nelson, K. E., e Ginn, T. R. (2006) Horizontial geng transfer on surfaces in natural parous media :conjugation and kinetics .*Vedose Zone Journal.* 6 (2): 306-315.

Matachowa, N., & Deleo, F. R. (2010) Elementos genéticos móveis de *Staphylococcus aureus. Cell. Mol. Life Sci.* 67:3057-3071.

McCormick, C. C., Caballero, A. R., Baizli, C. L., Tang, A., e O'Callagban, R. J. (2009) Inibição química da toxina alfa, um fator de virulência chave da córnea de *Staphylococcus aureus. Invest. Opbtbal mol vis Sci.* 50(5): 2848-2854.

Millar, B. C., Xu, J., e Moore, J. E. (2009) Molecular Diagnostics of Medically Important Bacterial Infections. *Mol. Biol.* 9: 21-40.

Millus, K. B. (1990) Recombinant DNA technology and Molecular Cloning. CHp. 8

in Recombinant DNA technology and Molecular Cloning. 180-231.

Mosmann, T. (1983) Rapid colorimetric assay for cellular growth and survival: application to proliferation and cytotoxicity assay. *J. Immunol. Methods.* 65: 55-63.

Nandita, D., e Ishaya, S. P. (2014) Perfil de sensibilidade de isolados de *Staphylococcus aureus* obtidos de pacientes com infeção do trato urinário em Kaduna Metropolis, Kaduna, Nigéria. *In. J. Curr. Microbiol. App. Sci.* 3(9): 8-16.

Najafi, M. B. H., & Pezeshki, P. (2013) Mutação bacteriana; Tipos, mecanismos e métodos de deteção de mutantes. *Uma revisão. Revista Científica Europeia.* 4: 628-638.

Nathan, S., Kong, C., Neoh, H. M. (2016) Toxinas de *Staphylococcus aureus* como alvo: um potencial de terapia anti-virulência. *Toxinas. 8 (72): 1-21.* (www.mdp.com/joumal/toxins).

Noskin, G. A., Rubin, R. J., Schentage, J. J., Kluytmans, J. (2005) The burn of *Staphylococcus aureus* infections on hospitals in the united state. *Arch Intern Med.* 165: 1756-1761.

Ouyang, P., Chen, J., Sun, M., Yin, Z., Lin, J., Fu, H., Shu, G., He, C., Lv, C., Deng, X., Wang, K., Geng, Y., Yin, L. (2016) A imperatorina inibe a expressão de alfa-hemolisina na estirpe BAA-1717 (USA300) de *Staphylococcus aureus. Antonie Van Leeuwenhoek.* 109: 915-922. DOI 10.1007/s10482-016-0690-9.

Paul, J. H. (1999) Transferência de genes microbianos: uma perspetiva ecológica. *J. Molec. Microbol. Biotechnol.* 1(1) :45-50.

Pulicherla, K. K., Kumer, A., Gadupudi, G. S., Korta, S. R., Rao, K. R. (2013) Caracterização in vitro de uma variante multifuncional de Staphylokinase com reoclusão reduzida, produzida a partir de *E.coli* GJ1158 induzida por sal. *Biomed. Res. Int.* 2013: 1-12.

Proft, T. (2009) Microbial toxins: current reseach and future trend caister A cademic press, Norfolk. ISBN 978-1-904455-44-8.

Rao, X., Huang, X., Zhou, Z. e Lin, X. (2013) Aperfeiçoamento do método 2(-delta delta CT) para análise de dados quantitativos da reação em cadeia da polimerase em tempo real. *Biostat Bioinforma Biomath.* 3(3): 7185.

Rashidieh, B., Etemadiafshar, S., Memari, G., Mirzaeichegen, M., Yazdi, S., Farsimadan, F. e Alizadeh, S. (2015) Um rastreio baseado em modelos moleculares para potenciais inibidores da hemolisina alfa de *Staphylococcus aureus*. *Information.* 11(8): 373377.

Reddy, Y. G. P., Anandakumer, S., e Prakash, R. (2014) Isolamento, clonagem e expressão do gene da estafilocinase recombinante contra a trombose. *Em J Pharm Pharm Sci.* 6(4): 266-270.

Rejendhran, J., & Gunasekaran, P. (2010) Microbial phylogeny and diversity: small sub unit ribosomal RNA sequence analysis and beyond. *Investigação microbiológica.* 166: 99-110.

Rhoads, S. , Marinelli, L., Imperatrice, C. A., e Nachamkin, I. (1995) Comparação do sistema microscan walkAway e do sistema vitek para identificação de bactérias Gram-negativas. *Jornal de Microbiologia Clínica.* 33(11): 3044 - 3046.

Rodrigues, M. G., Rodrigues, M. M., andPatrocinio, S. J. (2000) Meningite por *Staphylococcus aureus* em crianças. *Arq Neuropsiquiatr.* 58(3-B):843-851

Rubin J. E., Bayly, M. K., Chirino-Jerjo, M. (2010) Comparação dos plasmas de cão e coelho no teste da coagulase em tubo para *Staphylococcus aureus*. *J. Vet. Diagn. Invest.* 22:770-1.

Russell F. M., Biribo, S. S. N., Selvaraj, G., Oppedisano, F., Warren, S., Seduadua, A., Mulholland, E. K., e J. R. Carapetis, J. R. (2006) As a Bacterial Culture Medium, Citrated Sheep Blood Agar Is a Practical Alternative to Citrated Human Blood Agar in Laboratories of Developing Countries. *J. Clin.Microbiol.* 44 (9): 3346-335.

Salmon, J., Worth, A. B., Almog, V., Pollit, J., Williams, W. e Dunk, T. (1999) Identification of Gram- negative bacteria in the phoenix TM system. Conforme apresentado no 9th Congresso Europeu de Microbiologia Clínica e Doenças Infecciosas

(ECMID), Berlim, Alemanha. 1-4.

Sen, K., G. S. Font, R. Hangland, C. Moulton, A. Grimm, G. D. Giovanni, M. A. Feige, G. Lott, J. Scheller, E. R. K. Connell, M. Marshall. 2004. Quality assurance /quality control guidance for laboratories performing PCR analyses on environmental samples. 1- 64.(www.epa.gov/safe water).

Shakya, B., Shrestha, S. e Mitra, T. (2010) Taxa de transporte nasal de Staphylococcus aureus resistente à meticilina no National Medical Collage Teaching Hospital, Bigunj, Nepal. *Nepal Med Coll J..* 21(1): 26-29.

Sogaard M., Norgaard, M., Schonheyder, H. C. (2007) Primeira notificação de hemoculturas positivas e a elevada exatidão do relatório de coloração de Gram. *J. Clin. Microbiol.* 45: 1113-7.

Song ,Y., Hahn, T., Thompson, I. P., Mason, F. J, Preston, G. M., Li, G., Paniwnyk, L., e Huang, W. (2007) Transferência de ADN mediada por ultra-sons para bactérias. *Pesquisa de Ácidos Nucleicos.* 35 (19): 1-9.

Spaulding, A. R. (2013) Factores de virulência secretados na doença letal causada por *Staphylococcus aureus. Pesquisa online da Universidade de Iowa.* 1111.

Sperber, W. H. and Tatin, S. R. (1974) Interpretion of tube coagulase test for Identifiaction of *S. aureus. Applied microbiogy.* 29(4): 502505.

Staphanie, A. F., Hogan, P. G., Hayek, G., Eisenstein, K. A., Rodrigue, M., Kraus, M., Gabutt, J., Fraser, V. J. (2012) *Staphylococcus aureus* colonization in children with community, associated *Staphylococcua aureus* skin infections and their household contacts. *Arch Prediatr Adolesc Med.* 166(6): 551-557.

Stark, L. (2013) *Staphylococcus aureus - Aspectos* da patogénese e epidemologia molecular. Impresso na Suécia por Liu-Tryck, Linkoping. ISBN: 978-91-7519-568. ISSN:0345-0082.

Steinbach,W. J. e Shetty, A. K. (2001) Utilização do laboratório de diagnóstico bacteriológico: uma revisão prática para o clínico. *Pós-graduação em Medicina.* 77:148-156.

Stulik, L., Malafa, S., Hudcova, J., Rouha, H., Henics, B. Z., Craven, D. E., Sonnerend, A. M., e Nagy, E. (2014) A atividade de α-hemolisina do *Staphylococcus aureus* suscetível à meticilina prevê a pneumonia associada à ventilação mecânica. *Jornal Americano de Medicina Respiratória e de Cuidados Críticos*. 190 (10): 1139-1148.

Swofford, C. A., Jean A. T., Panteli, J. Z., Brentzel, Z. J., N. S. Forbes, N. S. (2014) Identificação da α-hemolisina de *Staphylococcus aureus* como um fármaco proteico que é segregado por bactérias anticancerígenas e mata rapidamente as células cancerígenas. *Biotecnologia e Bioengenharia*. 111(6): 1233-1245.

Tavares, A., Nielsen, J. B., Boye, K., Rohde, S., Paulo, A. C., Westh, H., Schonning, K., Lencastre, H., Miragaia, M. (2014) Insights sobre a evolução e expressão da alfa-hemolisina (*Hia*) entre clones de *Staphylococcus aureus* com hospital e comunidade. *PLOS ONE. 9 (7):* 1-13. (www.plosone.org).

Taylor, W. I. & Achanzar, D. (1972) Catalase test as an aid to identification of *Enterobacteriaceae. Appl. Microbiol.* 24(1): 58-61.

Thompson, B. (1994) Bacterial antibiotic resistance & Evolution. *Razão e Revelação.* 14(8): 61-63.

Tigist, A., Gizachew, Y., Ayeleyn, D., Zufan, S. (2012) Infeção de feridas de queimaduras por *Staphylococcus aureus* em pacientes atendidos na unidade de queimaduras do hospital Yekattt 12, Adis Abeba, Etiópia. *J. Health Sci.* 22(3): 209213.

Tong, S. Y. C., Davis, J. S., Elchenberger, E., Holland, T. L., Fowler, V. G. (2015) Infecções por *Staphylococcus aureus*: Epidemiologia, fisiopatologia, manifestações clínicas e gestão. *Revisões de microbiologia clínica.* 25(3): 603-660.

Tsering, D. C., Pal, R., e Kar, S. (2011) *Staphylococcus aureus* resistente à meticilina: Prevalence and Current Susceptibility Pattern in Sikkim [Prevalência e padrão de suscetibilidade atual em Sikkim]. *Jornal de doenças infecciosas globais.* 3(1): 9-13.

Vandenesch, F., Lina, G., e Henry, T. (2012) *Staphylococcus aureus* hemolysin, Biocomponent leukocidins, and cytolytic peptides: a redurdant a rsenal of membrane-damaging virulence factors. *frontiers incellular and infection microbiology*. 2: 1-15. (www.frontiersin.org).

Verna, P. (2012) Um estudo sobre o isolamento de diferentes tipos de bactérias do pus. *In. J. of Pharm & Life Sci*. 3(11): 2107-2110.

Von Eiff, C., Becker, K., Machika, K., Stammer, H., e Peters, G. (2001) Nasal carriage as a source of *Staphylococcus aureus* bacteremia. *N. Engl. J. Med*. 344:11-16.

Xiang, H., Qiu, J.-Z., Wang, D.-C., Jiang, Y.-S., Xia, L. J., e Deng, X.-M. (2010) Influência do Magnolol na secreção de α-toxina por *Staphylococcus aureus*. *Molecules*.15: 1679-1689. (www. mdpi.com/j oumal/molecules).

Wang, J.-H, Niu, H. Y., Zhang, M., He, P., Zhang, Y., e Kan, L. (2011) A apoptose induzida por *Staphylococcus aureus* em células U937 monocíticas humanas envolve a fosforilação da Akt e da proteína activada por mitogénio (MAPK). *Revista Aican de Biotecnologia*. 10 (21): 4318-4327.

Wegrzyn, G., Plata, K., e Rosato, A. E. (2009) *Staphylococcus aureus* como agente infecioso: visão geral da bioquímica e da genética molecular da sua patogenicidade. *Ata Biochimica Polonia*. 56(4): 597-612.

Wertheim, H. F., Vos, M. C., Ott, A., Van Belkum, A, Voss, A., Kluytmans, J. A., Van Keulen, P. H., Vandenbrouck-Grauls, C. M., Meester, M. H., Verbrugh, H. A. (2004) Risk and outcome of nosocomial *Staphylococcus aureus* bacteraemia in nasal carriers versus non-carriers. *Science Diret*. 364(9435): 703-705.

I want morebooks!

Buy your books fast and straightforward online - at one of world's fastest growing online book stores! Environmentally sound due to Print-on-Demand technologies.

Buy your books online at
www.morebooks.shop

Compre os seus livros mais rápido e diretamente na internet, em uma das livrarias on-line com o maior crescimento no mundo! Produção que protege o meio ambiente através das tecnologias de impressão sob demanda.

Compre os seus livros on-line em
www.morebooks.shop

Printed by Books on Demand GmbH, Norderstedt / Germany